# 食品加工工程与技术探究

孙贤记　张杨萍　姜加良◎著

中国建材工业出版社
北　京

图书在版编目（CIP）数据

食品加工工程与技术探究/孙贤记，张杨萍，姜加良著.--北京：中国建材工业出版社，2024.12.
ISBN 978-7-5160-4247-2
Ⅰ.TS205
中国国家版本馆 CIP 数据核字第 2024FT3430 号

## 内容简介

本书从食品工程伦理介绍入手，针对食品企业伦理与责任建设作了阐述；接着分析了食品工程学原理，为后续加工提供理论基础；另外，着重对食品成分提取与分离技术、食品杀菌技术、食品膨化技术以及食品保藏技术进行了分析研究。本书可作为食品加工技术、食品营养与检测、食品安全与质量管理等食品科技工作者的参考用书，对食品加工的指导应用有一定的借鉴意义。

食品加工工程与技术探究
SHIPIN JIAGONG GONGCHENG YU JISHU TANJIU
孙贤记　张杨萍　姜加良　著

出版发行：中国建材工业出版社
地　　址：北京市西城区白纸坊东街2号院6号楼
邮政编码：100054
经　　销：全国各地新华书店
印　　刷：北京四海锦诚印刷技术有限公司
开　　本：710mm×1000mm　1/16
印　　张：12.5
字　　数：200 千字
版　　次：2025 年 3 月第 1 版
印　　次：2025 年 3 月第 1 次
**定　　价：88.00 元**

**本社网址：www.jskjcbs.com，微信公众号：zgjskjcbs**
**请选用正版图书，采购、销售盗版图书属违法行为**

# 前　言

食品是人类赖以生存的生活资料，一个国家或地区的食品工业现代化和人们的饮食水平是反映生活质量的重要标志。食品工业被称为“生命工业”，也是国民经济中最具潜力的“朝阳工业”。食品加工技术与食品生产原料的加工利用、产品品质、食用性、能源消耗等有着密切的关系。

进入21世纪，食品加工技术进一步发展，多学科交叉融合日益深入。在力学、传热学及热力学等理论支撑下，在加工技术不断发展的同时，围绕光学、电磁学、辐射科学等领域的食品加工生产新技术的科学研究及技术开发将进一步发展。社会对食品安全与卫生、食品营养及功能性、食品的保藏性及食用方便性等提出了更高的要求，这就要求食品加工技术与未来的食品产业和社会需求相适应。食品加工技术的创新与应用是食品工业可持续发展的永恒主题。

本书从食品工程伦理介绍入手，对食品企业伦理与责任建设作了阐述；接着分析了食品工程学原理，为后续加工提供理论基础；另外，着重对食品成分提取与分离技术、食品杀菌技术、食品膨化技术以及食品保藏技术进行了分析研究。本书可作为食品加工技术、食品营养与检测、食品安全与质量管理等食品科技工作者的参考用书，对食品加工的指导应用有一定的借鉴意义。

著　者

2024年8月

# 目　录

# 第一章 食品工程伦理

## 第一节 食品工程与伦理

### 一、工程的内涵及影响因素

#### （一）工程的概念

工程是人类以利用和改造客观世界为目的的实践活动，是人类将基础科学的知识和研究成果应用于自然资源的开发和利用，以创造出具有使用价值的人工产品或技术活动的有组织的活动。随着人类文明的发展，人们可以制造出更具复杂性的产品，这些产品不再是结构或功能单一的东西，而是各种各样的所谓“人造系统”，例如，建筑物、轮船、铁路、地铁和飞机等，于是就产生了具有现代意义的工程的概念，并且逐渐发展为独立的学科。

工程活动包含两个层次的含义：第一，工程活动必须包含技术的应用，即将科学认知成果转化为现实的生产力；第二，工程活动应当是一种有计划、有组织的生产性活动，其宗旨是向社会提供有用的产品。从系统学角度分析，工程活动作为一个系统具有如下特征。

（1）工程活动是科技改变人类生活、影响人类生存环境、决定人类前途命运的具体而重大的社会经济、科技活动，通过工程活动人类可改变物质世界。换言之，工程活动是科学技术转化为生产力的实施阶段，是社会组织的物质文明的创造活动，工程的本质基础是科技的特征和专业特征。

（2）工程活动是复杂的体系，规模大，涉及的因素多。现代社会的大型工程都具有多种基础理论学科交叉、复杂技术综合运用、众多社会组织部门和复杂的社会管理系统纵横交织、复杂的从业者个性特征的参与、广泛的社会时代影响等因素综合运作的特点。

在现代社会中，“工程”一词有广义和狭义之分。狭义的工程定义为“以某组设想的目标为依据，应用有关的科学知识和技术手段，通过有组织的一群人将某个（或某些）现有实体（自然的或人造的）转化为具有预期使用价值的人造产品的过程”，这是具象的、“物化”的产品转化（创造、制造、加工和生产等）过程。广义的工程则被定义为：由一群（个）人为达到某种目的，在一个较长周期内进行协作（单独）活动的过程，如希望工程、“菜篮子”工程、扶贫工程、南水北调工程和航天工程等。本书所讨论的工程仅限于狭义的工程。

### （二）工程的职能

工程的主要依据是数学、物理学、化学和生物学等基础科学，以及材料科学、固体力学、流体力学、热力学、输运过程和系统分析等。依照工程与科学的关系，工程的所有分支领域都具有如下主要职能。

①研究：应用数学等自然科学的概念、原理和实验技术等，探求新的工作原理和方法。

②开发：解决把研究成果应用于实际过程中所遇到的各种问题。

③设计：选择不同的方法、合适的材料、符合技术要求和性能的规格以及过程控制的措施，优化技术路线和可行的实施方案，以满足结构或产品的要求。

④施工：准备场地、材料存放和购置，确定经济、安全并能达到质量要求和符合规范的工作步骤以及人员组织和设备利用。

⑤生产：在考虑人、环境和经济因素的情况下，根据工厂布局、生产设备、工具、材料、组件和工艺流程，进行产品的试验和检查。

⑥操作：控制机器、设备以及动力供应、运输和通信，使各类设备经济可靠地运行。

⑦管理；人力、物力与财产管理及其他职能。

⑧物流：原材料、产品的中间运输和贮藏流通职能。

工程活动能够最快最集中地将科学技术成果运用于社会生产，并对社会产生巨大而广泛的影响。影响是全方位的，因素很多，包括政策因素、环境因素、自然生态因素、法律规章因素、标准规范因素、伦理道德因素、文化习俗因素及地理和宗教因素等。

## 二、食品工程

食品工程涵盖农牧渔业产品、粮食和油料加工、食品制造和饮料制造等工程技术领域，涉及作为原料的农产品的生产和食品工业生产中所用的加工和制造方法、过程、设备、装备、管理、营销、物流等产业链的过程。

从行业体系的角度看，整个食品产业链组成部分包括：农业种植业，家禽家畜养殖业，水产养殖和捕捞业，农产品初步加工业，食品加工和制造业，农、副产品食品流通业，餐饮业（中央厨房及配送系统），相关的信息、机械、化工、包装、生物等产业，政府的进出口、监督管理、教育等行政部门，社会的检测和科学研究与开发部门等。食品产业体系组成复杂、系统庞大，涉及社会的方方面面，虽然对于某个具体的产品而言，其生产加工过程并不复杂，但是对于一个食品企业，尤其是大型企业来说，涉及的产品种类、工程过程、管理部门和程序、采用的技术和标准等纷繁复杂，这对食品工程的实施提出了非常高的要求。

## 三、工程伦理

### （一）工程伦理的概念

工程伦理（学）定义涉及对工程和伦理这两个概念的理解。在美国教育和学术界，对工程的理解通常又不可避免地涉及工程师。工程（Engineering）和工程师（Engineer）似乎是一对术语，这对术语总是成对地出现在对这两个术语的定义中。这就像伦理（Ethics）与道德（Morality）成对地出现在对它们各自的定义中一样，人们总是习惯于用其中的一个来定义另外一个。如何定义工程，至今仍有争议。

### （二）工程伦理的内涵

总体而言，对工程伦理的理解可以从两个方面进行：一是从科学和技术的角度看工程；二是从职业和职业活动的角度看工程。第一个视角容易导致还原论，即将工程作为技术应用的一个部分，而不是作为一种有其自身特征的相对独立的社会实践行为。在这种视野下，工程伦理被消融为技术伦理，因而也就没有独立存在的必要。

### （三）工程的负面效应

一般认为，科学精神就是求真，工程精神就是精确和效率，科学工作者和工程师要做的就是求真、求实和求精，把本职工作做好。自科学概念出现数百年以来，人们一直认为科学价值是中性的，并普遍认为科学知识并不反映价值观，科学技术活动的动机和目的仅在于科学技术活动本身，而不掺杂科技工作者个人的价值观。科学工作者对科学技术成果的社会后果不应当承担责任。因此，长期以来，人们理所当然地认为工程与伦理无关，工程对社会产生什么样的后果不是工程师需要或者应该考虑的问题。这种观点产生的直接后果是，对工程活动中存在或出现的种种问题视而不见，甚至为了个人私利而人为地进行制假造假。现代科技的发展已经昭示人们，科学探索是必要的，发展技术可以为人类提供更多的便利和享受，但是没有限制和控制的科学探索也可能存在很大的风险和危险。

科学技术永远都是双刃剑，虽然其本身是中性的，但是，世界是由人主导的，有人就会有事。一切事物、现象、过程都可分为两个互相对立和互相统一的部分。就整个物质世界的发展过程而言，一分为二是普遍的，但不能机械地理解，应该看到事物可分性的内容、形式是多种多样的。正确认识和把握一分为二的思想，就必须既要看到矛盾双方的对立和排斥，也要看到双方的联系和统一，以及在一定条件下的相互转化。

### （四）工程伦理的认识过程

在规范的用法中，伦理是指获得辩护的价值和选择，不仅是希望的事，而且是赏心悦意的事。这种用法上的伦理与道德同义，指合理的道德价值，道德上要求的或道德上允许的正当的和良好的行为和政策就是伦理的。在伦理的描述性用法上，伦理则是对道德的研究，是过程和结果描述的研究。根据伦理等同于道德的概念，工程伦理由责任和权利构成，这些责任和权利得到了从事工程的人的认可。工程伦理由工程中人们期待的理想和个体承诺构成，研究道德辩护的目标、原则和行为，人们只是描述和解释特殊的个体或群体相信什么和如何行为，并不需要考察信念或行为是否获得辩护。描述性研究为舆论调查、行为描述、职业社团文献考察和构成工程伦理的社会力量的揭示提供了可能。

### (五) 工程伦理的属性

工程和道德分属两个不同的社会系统。道德系统的结构一般可分为道德观念、道德规范和道德行为三个层次。

(1) 道德观念，即在社会道德实践活动中形成并影响到道德活动的具有善恶价值的观念形式。

(2) 道德规范，即在一定历史条件下，指导和评估社会成员价值取向的“善”“恶”准则。

(3) 道德行为，即人类生活中一切具有善恶价值的活动。道德系统结构的核心是道德价值观念，道德系统的实践行为和规范处于道德系统结构的外围，没有道德观念，就不可能形成道德规范，更不可能实践道德行为。工程伦理具有技术性、社会性和系统性的属性。

工程技术伦理可以界定为“作为工程师职业伦理的狭义工程伦理与研究和讨论工程活动中伦理问题的广义工程伦理”，即工程技术伦理可分为针对工程师而言的责任伦理和针对工程实践而言的团体伦理，并且认为后者因为工程的复杂性而更应该成为工程技术伦理的主要研究内容。工程伦理是指在实施工程行为时，工程主体所具备的真善美的道德精神，以及具体化为对工程行为的使命感、责任心、自觉心理与习俗等一系列道德心理与道德规范。工程伦理是考察工程活动的价值维度，以工程活动中的道德问题为研究对象，其核心是一种职业伦理和社会精神，也可以简单理解为工程中的价值观。显然，科学、技术和工程之间的关系是互相协调、互相影响和互相促进的关系，科学伦理、工程伦理和技术伦理往往也有很多的交集。在后续讨论中，将不把“工程伦理”局限于纯粹的工程的范畴。

工程伦理具有社会性。工程伦理虽然有着共性的任务和目标，有着共同的伦理价值追求，但因不同地区的经济发展条件、政治文明程度和文化状况不同而存在巨大的差异，具有地方特色，体现出社会性。一定历史条件下的社会组成、经济发展水平、科学发达程度、民众的受教育程度和文化程度、区域性的民风民俗及人文环境等因素会影响和制约工程道德精神和工程行为的价值取向。经济落后、科学文化不发达的地区和社会，人们文化程度低，道德觉悟和工程道德意识就较低。政治状况和社会生存方式也直接影响着人们对待工程的伦理态度和伦理方式，制度文明落后、社会组织约束方式松散，社会行为者往往很少考虑行为的伦理问题，实行先发展后治理的工程政策，一味追求高指标的经济增长，建设政治色彩浓厚的所谓工程，如政绩工程、形象工程、面子工程和献礼工程等，结果是污染严重，工程建造偷工减料，以次充好，抢时间节点轻工程质量，存在只管建不管用的现象，严重妨碍工程道德意识的提高和工程设计道德原则的进步。

工程伦理具有系统性特征。工程伦理学产生于美国，其具有深厚的思想文化渊源：专家治国思想、职业伦理传统。

### （六）工程伦理的组成

工程伦理不同于一般的伦理学，它属于应用伦理。它是随着工程实践的展开而开始，随着工程实践的变化发展而不断完善，没有完成而且永远不会完成的伦理规范。工程伦理学由两部分组成：①作为工程师职业伦理的狭义工程伦理学——责任伦理；②研究和讨论工程活动中的伦理问题的广义工程伦理学——团体伦理。责任伦理属于传统伦理学范畴，其行为主体是个体；团体伦理属于现代伦理学范畴，其行为主体是团体。一般工程伦理主要关注的是工程师的角色行为，包括工程师的伦理规范和工程师的环境伦理，前者涉及主体间性，反映的是工程师与道德共同体——社会公众、客户、雇主和使用者等相关方之间的互惠关系；后者反映工程师与环境之间的关系，这里的环境不仅仅是自然环境，而是所有与工程师的工作相关的自然环境、人文环境和生态环境等。工程伦理主体实质上是具体存在之间互相关联而构成的整体系统。它有特定的组织形式（结构）和展示方式（功能），是关于工程伦理本体的个体论（责任伦理）和整体论（团体伦理），也是两者的简单相加所不能代替的。工程伦理研究既不能局限于作为个体的责任伦理，也不能局限于作为整体的团体伦理。虽然工程伦理具有明确的团体伦理属性，但其研究不应该停留在某一静止的点上（即便是团体这一超越某一工程行业范围的大伦理主体），而应该是动态系统性的研究。因为工程伦理主体范围涵盖了专家、行政人员、普通参与者，甚至社会大众，客体范围涵盖了政治、经济、管理和生态等领域，是一个复杂的系统。对工程伦理本质的理解存在于人的理解活动这一不断变动的历史过程之中，这也是对工程伦理进行研究的意义所在。

作为应用伦理学的工程伦理研究的目的不是建立一套完整系统的理论，而是具体探讨和解决工程实践中涉及的道德问题。虽然这些问题的解决可以遵循一些共同的原则和思路，但要作出简单一致的判断往往是困难的，因为差异存在于不同的个案中，应区别对待具体情况。工程伦理不仅是一种应用伦理，而且是一种境域伦理。工程伦理来源于人类生存的需要，并为了更好地生存而采取工程这样的实践方式和生存方式。工程共同体中的工程师是和工程相关的直接承担者和提供者，因此学术界尤其是西方学者通常把工程伦理简化为工程师的职业伦理与环境伦理。工程师伦理规范具有民族性和地域性，即文化的差异性特点，最明显的表现就是不同的信仰会产生不同的工程伦理要求。

### （七）工程伦理的研究方法

工程伦理学应该是“职业化的”，职业化包括专业上的卓越和伦理上的完整两个方面。专业上的卓越意为过硬的职业技术与完善的人格，包含职业水平、职业标准和职业地位。

伦理上的完整则意味着在遵守法律与职业规范的基础上承担更多的社会责任。

工程伦理作为一种职业伦理或实践伦理，是伦理的专业化、具体化，伦理学的研究方法自然地就被引入了工程伦理学研究中。功利主义伦理学、康德的尊重人的伦理学和德性论是常用的三种研究方法。对于同一个工程问题，都可以用这三种方法分别进行分析。应用这三种方法有时可得出相同的结论，而在更多的时候会得出不同的结论。结论相同时，道德辩护的力量会增加，而结论不同时，可能有两种或三种不同结论，此时工程中的伦理问题会令人迷茫。工程中伦理问题的性质决定了不同方法分析得出的结论是否一致以及不一致时的差异程度。与工程中的技术问题相比，工程伦理问题往往具有不确定性，即不能在正确与错误、是与非之间进行抉择，而通常只能从特定的视角出发，作出不同程度的“应当”

或“最好”之类的价值判断。

工程伦理学起源于对技术的批判、对工程师的质疑以及工程本身对社会和环境的影响。所以，从工程伦理学的建立来看，既可称其为“技术伦理学”，也可称其为“工程师伦理学”。技术伦理学主要是针对技术的负面影响和技术的消极作用，即技术应用带来的不良后果；工程师伦理学主要针对工程共同体，工程师在工程活动中对技术设计、改进等方面起到重要和关键的作用，同时也面临着工程相关各方的利益冲突以及对雇主的忠诚等道德困境。因此，要进行工程伦理研究，必须：①加快工程师的职业化进程，制定现实合理的伦理规范，促进工程师伦理制度化发展。②加快工程伦理教育的发展，在工程类院校开设工程伦理的相关课程，加强对工程类学生的工程伦理教育，提高其职业工作的道德敏感性。

由于工程的境域性特征，在工程活动中，不仅工程师面临着道德困境，其他工程共同体，如管理者、工人、企业和公众等都要面对多种道德选择。所以，在工程伦理学发展过程中，同时需要关注其他工程共同体的道德困境。

## 四、食品工程伦理教育

### （一）工程伦理教育的必要性

技术的进步和发展对人类社会产生了深远而广泛的影响，技术在带来益处的同时，也造成了环境破坏、生态失衡等负面影响，严重破坏了社会和自然环境，甚至危及人类自身的生存。

工程伦理学以增进人类福祉为目的，以加强工程师职业责任为要求，规范约束工程师的行为，提高工程师的道德敏感性，使工程师更清晰、更仔细地审视工程中的伦理问题，审视道德困境。社会的进步和发展，技术的创新和对科学现象新的认识，必然带来对生活更美好的向往和要求，全人类都有共同的追求。中国正逐渐由工程大国转向工程强国，“强”不仅指质量、水平和创新能力，更体现在价值和理念的提升，让专业的人做专业的事。技术的应用并不是越先进越好，也不是最先进的就是最好的，应该具体问题具体分析，综合考虑技术应用的合理性和合适性。尊重科学，道法自然，不能无限夸大“不怕做不到就怕想不到”的思维。工程的进度应科学安排，做好预设计，不能为了某种形象或政绩而定节点、抢工期。工程伦理思考的缺位现象是系统性的和社会性的，不只是学生、政府官员、行业和企业管理者以及工程项目执行者，消费者和工程的受益者也需要进行足够的伦理思考。在企业发展过程中，应有相应的价值判断，把伦理概念，即公众的健康安全福祉放在首位。如果一些事件发生前考虑全面，做好预案，出现问题后及时采取措施，发生严重事件的可能性将会大幅度降低。但是，当事人通常害怕承担责任和损失，往往会选择回避问题，由此而付出的代价更惨重。

工程伦理涉及工程各方的职业道德，因工程的系统性、规模性和社会性等具有区别于其他职业的重要特征，所以，开展工程伦理教育是必需的。现代化大工程对专业间合作的要求很高，社会效应和社会影响大，对环境和人类未来的影响是长远和渐显的。经济的快速发展和许多重大工程项目的实施，越来越多地显现出工程伦理问题。公共安全、工程与环境、工程与生态、工程质量、工程师的科学态度和职业精神等，已经成为社会关注的伦理问题。随着人工智能工程的发展和普及化，工厂车间具体操作的任何岗位都可以由机器人替代人来完成，人类的地位和行为准则是否要与机器人相同必将成为伦理研究的课题。工程的控制是否能完全由人类掌握的问题，也许人类自己都不能回答。技术的不正确或不正当使用，必将带来灾难，工程伦理是任何具体项目都绕不开的命题。

工程师应该在实践中塑造、整合自己的价值观，在实践环节中使所学的经济、法律、环境等相关知识和社会碰撞，进而提升伦理水平。企业是最有力量的工程伦理行动者，也是伦理实践的主要参与者。促进工程伦理的发展，制度的建设首当其冲，只有首先从制度上明确界定和厘清责任所在，才能真正地规范工程师的行为。在校的学生是将来的工程师，可能是工程的组织者、设计者、执行者和管理者，因此有必要将伦理教育贯穿于工程学科教育的课堂内外，使毕业生在工程的社会责任感和工程的职业道德上达到基本要求。工程师所面对的大部分道德议题都来自利益冲突、工程职业的伦理规范和伦理行为的法律必要性、雇主与雇员的关系、生态环境意识以及技术应用带来的影响等，必须明确工程中道德问题的复杂性和道德责任。

### （二）工程伦理教学法

工程伦理的教学方法一般分为两种：一种是将一般的伦理理论应用到具体的

场景或案例之中，称为“从上至下”的方法。在20世纪90年代初，就意识到这种教学方法对于工程类专业的学生和工程实践者是不适用的，至少不适用于面向工程学学生的教学。另一种是在20世纪最后10年间，由美国国家人文基金（National Endowment for the Humanities，NEH）和美国国家科学基金（National Science Foundation，NSF）资助的项目主要集中在研究如何或以何种方法将工程伦理引入工程学学科教育体系中。案例分析法就是其中一种获得NSF资助并获得广泛认可的教学与研究方法，这种方法称为“从下至上”的方法。

## 第二节　食品企业伦理与责任建设

### 一、企业伦理的建设

#### （一）企业伦理认识误区

对企业伦理的作用和意义，在市场经济的初期不容易为人们所认识，尤其是我国尚在市场经济建设的过程中，存在着忽视或否认企业伦理重要性的认识误区。

**1. 利润至上**

企业认识伦理误区之一，认为企业是一种经济组织而且是以营利为目的的组织而非公益性慈善组织，其任务是利用资源生产、分配和交换物质财富和经济价值，因此，其行为应该与伦理和道德无关，企业无须伦理，企业的任务就是追求利润、增加利润。

这是西方企业20世纪50年代以前的认识。该认识中关于企业的基本概念是正确的，但是推论的结果是错误的。从严格的意义上讲，不讲社会责任的企业或者认为与伦理道德没有关系的企业或者超越社会伦理道德关系而采取“伦理道德中立”的企业是不存在或不能长久存在的。企业作为一种经济组织形式，从其出现开始就处于各种社会关系之中，企业、人和社会所形成的关系中每个组成部分都是伦理的主体。企业主和管理者是企业人格化的代表，他们既是经济关系中的角色，也是伦理道德关系中的角色。纯粹的经济“人”和经济“组织”（单位）是只存在于经济学家的纯理论的抽象概念。因为无论从目的还是从手段来说，企业和企业家的活动都存在着对人和社会发展的影响或价值关联，所以现实生活中根本不存在与伦理无关的企业和企业家，只有具有不同道德观念和伦理态度的企业和企业家。社会是发展的，社会成员可以被分为不同的阶级或阶层，阶级或阶层处于矛盾中，在特定历史阶段，社会成员所属的阶级或阶层会分裂变化，价值观、伦理观随之而变。人们对企业的活动善与恶、利与不利的评价具有历史性，对企业或组织的经济行为的评价也存在矛盾性和复杂性。企业在实现经济价值和物质财富增加的时候，可能会采取不利于社会发展的手段和形式，从而牺牲社会大多数成员的权益，这在伦理道德上是有争议的问题。例如，从工业革命开始，各国经济发展都面临的发展与治理的问题，发展过程中企业获得了经济利益，但造成了环境破坏或污染，给周边社区居民带来了生活不便和健康安全隐患，由此可以很好地说明企业不可能不具有伦理性质，不可能和伦理不发生关系。

2. **利润与伦理无关**

企业认识伦理误区之二，认为采用有伦理问题的手段实现利润最大化的企业并没有受到损失，所以不需要讲特别的伦理。企业是工业化进程的产物，市场经济体制的建立和完善需要经过必要的时间和历史过程，在经济水平非常低下的情况下，社会的需求也不正常、不均衡。从人类文明史来看，非法获利、违法经营、不讲伦理道德的企业行为只能存在一时，不可能长久，因为“人之初，性本善”，行善积德不仅仅是中华民族的处世之道，也是全人类共同的精神追求和实践活动。任何阻碍、破坏人类和社会进步和发展的活动或行为，历来为社会的伦理道德所不容，昧着良心牟取“不义之财”会被同行不齿，被消费者抛弃，触犯法律的会被依法追究，受到法律制裁。

从事合法的经营活动，如果不讲伦理道德，也会使企业陷入困境。购买活动是消费者选择和决策的结果，消费者对商品有选择的自由，这种选择和决策不仅取决于消费者自身的需求，而且也取决于消费者对所需商品的了解、偏好和信任的程度。在物资匮乏的时代，市场受卖方控制，商品供不应求，消费者的选择机会不多，只能降低对供方的要求以保证能得到基本的商品，不会过多顾及企业商品生产经营伦理道德上的缺陷和不足，即使商品和服务不尽如人意，甚至令人不满，消费者也只能作出购买的选择。然而，随着商品经济的发展，物资供应充足，卖方市场转变为买方市场，供消费者自由选择商品的空间很大，消费者“货比三家”的可能性增加，对商品生产经营企业的要求和期望值提高了，更多地关注商品质量和服务态度，不仅关注“有”，而且更加关注“优”，因此企业伦理自然而然就会被消费者越来越重视了。讲究伦理的企业会为消费者着想，从消费的角度对待产品设计和服务提供，营销活动会体现出道德的理念，从而在消费者心目中产生积极影响，提高企业在消费者心目中的美誉度，使消费者持续“关注”这样的企业和产品，消费心理愉悦，随时准备下一次的购买。反之，不讲究伦理道德的企业，不在产品和服务上花心思下功夫，而是通过夸大宣传等不正当的营销活动欺骗消费者，即便消费者发现上当后会采取自认倒霉、忍气吞声的态度，怀着多一事不如少一事的心理放弃维权，但也不会上第二次当，而且会提醒亲朋好友同事不要购买这类企业的产品。消费者上当一次，心目中就会给一个永远的差评，这样的企业不能得到消费者的好感，消费者的消极影响越积越多，企业会信誉扫地。因此，从经济学方面看，市场繁荣是供需双方乐见其成的，从市场营销方面来看，越发达的市场越会成为买方市场，受买方主导。显然，提供消费品生产和经营的企业就越要讲究信誉、越要注意企业形象，否则就会遭到消费者的抛弃。因此，认为不讲伦理道德还能实现企业利润最大化的想法无疑是对现代市场和现代企业不了解的表现。

### 3. 讲伦理增加成本

企业认识伦理误区之三，认为讲伦理道德会使企业产生额外的成本，增加投入而减少收入，企业会在经济上受损。企业讲伦理，必须要制定必要的制度和实施相关的行动，而制度的制定和行动的实施毫无疑问需要增加直接经济投入、人员投入和工作量，这可能导致阶段性或短期内的经济收入减少。具体来说，在伦理建设方面，要制定伦理道德原则和规范，对员工进行伦理道德教育，对生产经营活动进行伦理道德监督，要设置伦理道德督查人员机构编制；在具体行动方面，在实际的生产和经营活动中要讲究社会效益、生态效益和环境效益，讲究商品和服务的质量，不生产和经营利润高、产值大但有害于人、社会或环境的产品，不使用有损伦理道德的手段从事生产和经营等。同时，做任何事都不应该只看眼前，应该着眼长远，保持可持续发展。任何企业都希望成为“老字号”而不是昙花一现，所以从长计议是关键。虽然在短期内上述投入会使企业的生产和经营成本大幅增加，但是带来的社会效益是长久的，在企业良性生产和经营的情况下，这些投入的成本增加可以被长周期分摊而稀释；另一方面，伦理建设投入带来的社会效益可以直接带来更多的订单和消费者数量，使产值增加，生产经营良性运作，经济效益自然会提高，扩大再生产能力增强，经济力量壮大，企业才能长久生存。

人类社会在不断进步，人的文明程度在不断提高，未来的市场经济将成为规范经济、信誉经济、文明经济和法治经济。在一个讲道德、伦理、文明的社会和市场中，这种无形的资本、潜在的市场将在企业的生存和发展中长期发生积极作用。总而言之，越是讲伦理的企业，就越有可能在市场上和社会上赢得消费者和同行的信任和声誉。通过提高企业的伦理素质、伦理水平、伦理价值、伦理形象，可以提升企业的形象，同时将这种效果转化为企业在经济上的利润和收入，提高企业的经济效益，也具有促进社会进步的间接作用。企业讲究伦理，其员工会自觉注意在社会上的行事方式，有益于社会人际环境的友好，促进社会和谐发展。

### （二）企业伦理建设的必要性

现代企业必须加强伦理建设，因为企业伦理是现代企业存在和发展的重要条件，是现代企业制度和管理中不可缺少的软件。企业伦理是企业宝贵的无形资产，会对人的经济行为产生作用，从而促进对企业经济目标的实现。企业不讲伦理，经营不受道德约束，企业的社会信誉度就会降低，员工也会失去对企业的信任，企业凝聚力会缺失，市场竞争力会被削弱，发展前景与空间受到限制和压缩。越来越多的企业通过不同的方式表达对员工和消费者权益及社会慈善事业和公益活动的关注。在现代企业制度建设中，加强企业伦理建设非常必要。

#### 1. 建设企业伦理可以明确社会责任

企业是生产经营性社会组织，其经济功能是为社会、为市场提供优质的商品和服务。正常的企业经营产生的是正面的和积极的社会和经济效益，然而负面的和消极的影响是不可避免的，为了克服、消除这些负面的和消极的影响，会产生一定的社会成本，这些成本理应由企业承担，这不仅仅是企业的社会责任，也是企业生存的必要成本。企业应该以正确的形象处于社会之中，知法守法，诚信公平，保证质量，优质服务，履行社会义务，承担社会责任，完成社会的使命，树立良好的企业形象。

### 2. 建设企业伦理可以协调与外部的关系

企业在提供商品和服务的过程中会对社会环境和自然环境产生影响，因此，企业与社会环境和自然环境之间必然会产生相互关系。建设企业伦理可以为企业正确处理经济效益、社会效益、环境效益之间的关系提供基本的理念、原则和方法，调和与化解矛盾，排除自私自利的狭隘思想。建设企业伦理可以保证企业获利手段正当公平，合法合理，树立鲜明、正面的形象。现代企业的竞争不仅是经济上的竞争，也是环境效益和社会效益上的竞争，是精神文化、伦理道德、文明程度和企业形象的竞争。在经济效益和社会效益、环境效益发生冲突和矛盾的情况下，为了一时的经济效益而牺牲社会效益、环境效益，在根本上是不利于经济和社会的持续发展的。在经济效益相同的情况下，社会、市场肯定选择那些具有更好的社会效益和环境效益、营造更健康向上伦理道德文化的企业。

### 3. 建设企业伦理可以正确处理企业内部的关系

现代企业的内部关系由投资者、经营者、劳动者构成，在管理过程中首先会碰到三者之间责、权、利的关系问题，既有如何认识和评价资本、劳动、管理在企业生存和发展中的地位和作用的问题，也有如何在分配过程中恰当地处理三者之间的利益关系的问题，解决这类问题的复杂性在于这三者在生产经营过程中的贡献及相应的利益关系，并不能够完全依据技术原则、经济原则精确地进行定量确定，然而，若采用在伦理基础上从技术原则、经济原则出发，进行处理，创造安全健康的工作和劳动的环境和企业文化氛围，维护员工的尊严、人格和各种基本权利，调动员工的积极性和创造性，使员工产生归属感、安全感和责任感，增强员工的主人公意识，有效地利用资源并获得高效率和高效益，根据贡献大小分配各方所得，则能够保证各方的正当利益和积极性不会受到损失和伤害，有利于企业的生存和协调平衡发展。由此可见，建设企业伦理有利于化解企业内部的各种矛盾、增加企业内部的团结和凝聚力。

企业伦理目标强调企业行为不仅具有经济价值，还必须具有伦理价值，企业发展规划应做到经济责任与社会责任统筹协调，物质发展与精神发展统筹协调，近期效益与长期效益统筹协调，利己与利他统筹协调，生产成本与环境资源成本统筹协调，企业环境与生态环境统筹协调。经济伦理、企业伦理将具有日益显著的地位，发挥日益重要的作用，这是市场经济和企业发展的不可阻挡的趋势。

### （三）企业伦理的建设途径

企业伦理建设主要指在企业内部范围的伦理建设，可以从以下四方面着手。

**1. 设定目标**

企业伦理目标的制定，不仅要强调企业行为的经济价值，同样要强调伦理价值，充分认识伦理价值与经济效益的关系，正确处理企业经营与社会责任的关系。以伦理准则约束自己，主动实现道德自律，在遵守工程活动的最高伦理准则“将公众的安全、健康和福祉置于至高无上的地位”的前提下，制定企业伦理政策。根据企业的特点和产品的消费群体、市场定位等，使用有明显企业特征的说明，不要空洞地使用“我们要讲企业伦理”的表述。

**2. 制定守则**

企业的存在不仅仅要以营利为目的，还应当承担一定的社会责任。企业伦理守则涉及企业与其他利益相关者——政府、企业主、股东、员工、社区、社会大众（消费者）等的责任关系，所规范的主要内容包含公司的经营理念与道德理想，这反映出公司的文化与运营行为、生存的基本意义和行为的基本方向，守则的条文应该尽可能地细化并具有可操作性。在建立伦理法则的同时，通过一系列的奖励、审核以及控制系统将其加以强化，并对破坏伦理规范的行为予以惩罚，全体员工都必须明白，组织里决不容许违反伦理的行为出现。对违规者的默许，将会严重地破坏气候与环境。企业伦理守则应贯彻到经营决策的制定以及重要的企业行为中。目前我国很多中小型食品生产企业的观点都是将利润放在首位，满足于生产安全符合基本要求，产品质量退而求其次，这样的企业不可能实现长远稳定发展的目标。因此，企业的工作人员应该自觉地在控制食品安全、提高产品质量方面多思考、创新，这对企业和消费者双方都是有利的，尤其是对传统食品的加工方面，技术有待提升，利用率亟待提高，产品质量评价体系需要完善。企业伦理是内部约束机制，涉及每个岗位、每个员工。

### 3. 领导带头

榜样的力量是无穷的，要下梁不歪必须上梁要正，正确的价值观导向必须从企业上层开始，要求员工做到的，管理者必须要做到，伦理建设也不例外。企业主或企业经营者应率先认识到伦理建设的重要性、必要性和必然性。合法依规经营，正确妥善处理劳资关系，尊重知识产权，保证产品质量，勇于承担社会责任，实行同行、市场公平公正竞争，保护自然生态环境应该是企业上层优先必须形成的理念。只有上层具有足够的认识，企业伦理建设才能在企业中推动。企业上层的重要职责之一就是赋予企业正确的价值观，建立支持道德行为的环境，向员工传输共同担当的责任感，让员工体会到遵守伦理是企业文化的重要组成部分，是企业活动积极的一面，而不是权威强加的限制条件。企业上层应为企业倡导的价值观念采取行动，鼓励和奖励员工的伦理道德行为，树立伦理典范，当企业经济利益和道德义务发生冲突时，能够“舍利取义”。

### 4. 员工培训

人文素养对于任何行业的从业者都是必要的，对受教育者有目的地施以道德影响的活动是一定社会道德意识转化为人们道德质量的关键性活动。工程类的人员具有自然科学门类训练的特征，思维不够发散，考虑问题的方法是收敛的。在对员工的教育训练过程中，不要照着伦理守则的条文宣读，可以邀请文科和社会科学的研究者和教师为员工讲课，内容包括提高道德意识、陶冶道德情感、锻炼道德意志、树立道德信念及养成道德行为和习惯等环节。企业可以组织或参与有意义的社会活动，让员工在实践中理解企业伦理，从而推动社会良性改革，提高公司的向心力，激励员工的士气，提升员工的个人质量，促进员工个人对更高层次精神的追求，帮助员工在对待人和物的关系和需求处理方面提高思考的敏感度和关怀度，有助于员工在个人意志中注入道德思想和行为规范。树立典型，弘扬正能量，表扬诚实守信、公平竞争的企业员工和经销商、代理商。营造良好的氛围，有利于激发员工的积极性、创造性和敬业精神，有利于实现企业的经济目标，展现企业良好的精神风貌，树立企业的伦理风范。倡导员工协作互助，提高责任感、荣誉感，将个人荣辱与企业形象紧密相连。将各项责任都具体分解到人，使员工在工作过程中保持高度的责任感。员工应守岗尽责，落实好岗位责任制。明确的岗位、具体的职责可以保证在生产过程中出现问题时，第一时间追查到岗，追究到人。避免互相推诿，推卸责任，从而提高解决问题的效率。

在食品企业伦理建设和培训中应该明确基本的道德要求。①讲良心。自觉形成道德意识、道德责任和自我评价能力，加强自律。②讲义务。自觉认识和履行对社会和对他人应尽的责任，明确食品生产环节和岗位的道德义务。③讲公正。在处理各种关系时，应该采取符合道德的规范行为，对于利益各方一视同仁，不偏不倚。④讲信誉。信誉是无形的，是在社会交往中建立的对关系的看法和认识，是继续交往的基础，“信誉至上”是企业生存的要则和发展的条件。

关于风险的认识，应该让员工明白：食品安全标准和检测手段不完善受多种技术及有关研究的影响。我国食品和食品添加剂产品所分的类别和明细种类很多。食品中有害物质也会在不同的环境中产生，随着科学技术的发展及生产工艺的改进，一些新的有害物质逐渐被发现，一些之前认为无害的食品物质或添加剂会被确定为对健康有风险的物质。新问题的出现，会随着人们对科学认知的加深和提高而变化，对于有明确规定的应该执行，对于存疑的可以通过正常渠道向有关部门反映。不断学习，努力提升业务水平和伦理道德水平是每个员工应该坚持做的日常工作之一。针对本企业的生产单元和具体产品，企业要制定详细的培训内容，将生产安全、产品安全和伦理准则与企业实际紧密联系，有针对性地进行员工培训。

### （四）企业的监督机制

企业是社会经济组织，也是社会的组成成员，企业在生产经营管理中存在各种各样的伦理问题，处理和解决这些问题，仅仅通过企业内部的伦理建设是不够的，任何一方都需要监督机制。为了企业的健康发展，对企业的监督应该尽可能采取全方位的监督和评价机制。

#### 1. 自我监督

道德行为最终要靠具体的行为个体来完成，企业伦理建设除了内部制度的制定和员工的教育培训外，员工加强自我公民道德修养学习，结合本职工作，将制度要求转变成自觉行动是必须的。监督和强迫之下完成的个体道德行为不能算作真正的道德行为。作为道德主体的员工，应将伦理道德要求的内在道德义务用健全的道德性来指导自身的社会行为和工作行为，将自我监督贯穿于行为之中，提高道德认识、培养道德情感、磨炼道德意志、积累道德修养。作为整体的企业，只有不断对照、反省、提示、监督，不断提高道德境界，才能成为一个有高度道德觉悟的组织。

### 2. 环境监督

环境监督是保证企业履行道德义务必不可少的手段。道德环境过于宽松，约束力不够，就可能出现有违道德伦理的行为。严格的环境监督能够防患于未然，使企业弃恶从善，有利于道德风气的改善。环境监督包括三种方式：

（1）舆论监督，即利用大众传播媒体进行监督。对企业善行进行褒扬宣传，弘扬正气，对恶行进行鞭挞、谴责。社会舆论监督的效应是巨大的，通过舆论宣传，善行者受到社会的尊重，恶行者受到唾弃。在舆论监督下，企业时时提醒自己检查自己的行为。

（2）人际监督。企业的竞争者、合作者、服务对象不断变化，企业行为社会化的程度高，通过彼此监督，可以使企业的行为更加符合道德规范，有利于企业间的交往，维护社会生活正常秩序。

（3）组织监督。通过引入官方的、行业的、民间的组织，如行业协会、消费者协会、合作单位，对企业行为进行全方位的监督，定期不定期地组织恳谈会、通报会等，向社会公开或说明企业的生产和经营行为过程，征求相关方的意见和建议，企业认识不到的非道德行为会被揭示，可帮助企业有效地改善日常行为。

（4）同行监督。同行的监督更加专业化，因为他们对情况更了解，有比较就会有进步。同行的监督可以产生好的效果，避免恶性竞争等局面出现，经常性地进行同行交流，取长补短，相互借鉴，相互促进，有助于行业的健康发展。

### 3. 行政监督

行政监督指政府主管部门监督。道德只是对人们行为（包括企业行为）的软约束，借助政府行政工具，将伦理观与法律法规和标准结合，可以使企业的行为获得社会的普遍认同，提高权威性，使企业伦理成为全体社会成员的共识。法律是刚性的，在法律框架内进行生产和经营是基本要求，任何个人、经济人和组织都不得从事违法活动。加强对企业生产和经营等行为的监督，让全体员工保持对法律的敬畏感和神圣感，这有助于企业在正确的轨道上运行，避免企业向不良方向发展。很多企业设有内部产品质量审查员，但多数没有法律顾问。社会环境总是处于不断变化中，新的法律法规、政策、标准等会不断出台，不适应社会、行业、技术发展和产品要求的法律法规、政策和标准等会不断被修订、废止，如果企业行为不能紧跟法律法规、政策和标准的要求，就会在无意识的情况下发生违法、不合规或使用标准不当或错误的问题，这些情况一旦发生，会导致很多问题的出现，企业会因此蒙受重大损失。如标准问题，一旦引用不对，那么预先印制好的包装会全部作废重新印制。这些错误的发生在于对形势或要求的不了解，属于低级错误。企业应尽可能地设置政策法规相关专门部门和专职人员，时时检查企业生产经营行为与相关标准和规定的符合性，规范企业的生产和经营行为。如果随时关注变化，及时升级管理要求，很多问题则是完全可以避免的，企业就能始终掌握主动权，企业的运行就会保持在正常的轨道上运行。行政监督的主体——政府行政主管部门应经常性走访企业，及时通报政策、法律法规和标准的异动信息，检查了解企业对照要求的符合度，为企业把脉，将事件或事故扼杀在萌芽中，防患于未然。预防性的工作可以带来高效率的结果和良好的效益，也会在最大程度上减少发生事故后处理的经济成本和社会成本。

## 二、企业社会责任建设

### （一）建设的必要性

#### 1. 消费者的要求

消费者始终对积极主动承担社会责任的企业表现出欢迎的态度。人们总是趋向于对有责任感和勇于承担义务的行为和群体持有好感，环境的正能量也总是影响着环境中存在的个体的行为方向和方式，正如哲学中所讲的外因和内因的关系那样，外因对内因是可以起很大作用的。消费者的社会责任意识水平和状态在一定程度上影响企业履行社会责任的积极性。研究表明，具有社会责任意识、讲究伦理道德和对伦理道德要求较高的消费者同样会要求企业讲究伦理道德、承担社会责任。消费者不愿购买不负责任、没有公德心甚至危害社会的企业的产品，而愿意为有道德的企业的产品和服务支付较高的价格。消费者具有推动企业履行社会责任的巨大作用，消费者的观念可以影响企业的行为。国外在消费者对早期企业社会责任认知方面的研究认为，具有社会责任意识的消费者具有愿意考虑自己私人消费行为的公共影响，并试图通过自己的购买行为促进社会有益改变的特征。企业社会责任对消费者选择的方式和行为有直接相关的影响，消费者对企业社会责任的认知可以帮助和促进社会对企业的认同和信任，为企业建立良好的声誉。

2. 劳动权利的要求

社会责任中最重要的一条是员工的劳动权利。以人为本是最高的行为准则和要求，劳动者享有基本的劳动权利。社会发展、技术更新、效率提高、人力减少是企业发展的必然趋势。企业需要不减员而增效，除增加投资和项目、扩大产能以增加就业机会外，科学安排劳动力、减少裁员、减轻社会就业压力是企业社会责任的体现。

3. 环境保护的要求

可持续发展是人类社会存在与发展的要求。企业生产经营离不开自然资源的消耗和利用，同时产生影响甚至危害环境的副产品。企业履行社会责任有助于保护资源和环境，通过技术革新和新技术的应用，减少生产活动对环境造成的污染，高效利用能源，降低能源消耗，高效利用和节约自然资源。企业通过公益事业与社区共同建设环保设施，可以净化环境，保护社区及居民的利益。

4. 社会发展的要求

公司从事经营活动，必须遵守法律、行政法规，遵守社会公德、商业道德，诚实守信，接受政府和社会公众的监督，承担社会责任。公司的合法权益受法律保护，不受侵犯。

### （二）建设内容

1. 完善法律体系

企业承担社会责任是社会发展的必然趋势，世界大同是美好的愿景，虽然建立全球统一社会责任标准的可能性不大，但社会责任标准的基本原则一直在朝着统一化的方向发展，许多跨国公司和一些国家的进口商协会也已经采用了社会责任标准。虽然不同的行业和企业生产和经营的产品和从事的服务性质不同，但以人类和社会作为消费者和接受者的本质是相同的。人类文明不断进步，企业的社会责任问题越来越受到广泛关注，我国企业要顺应这一趋势，加强社会责任意识。关注社会责任标准的发展态势，积极参与国际多边谈判，在世贸组织的协商机制和框架下，主动参与全球社会责任标准的研讨和起草活动，在未来的标准中为发展中国家特别是我国争取更多的利益，特别是要充分考虑包括我国在内的广大发展中国家所处的发展阶段和具体国情，妥善处理劳工、人权标准与贸易挂钩的问题，力争减轻国外行业标准对我国的实际影响。

2. 加强法规政策制度研究

企业社会责任的内容不是凭空杜撰出来的，其细节存在于政府、社会组织等政策、文件的文字中，是社会的要求和经验的总结。建设企业的社会责任，其原则在于加强企业社会责任意识，坚持以人为本，改善职工待遇，尽量地将社会责任标准中的合理要求融入企业的管理体系和企业文化之中，并把社会责任管理贯彻到企业管理的各个方面，提高企业履行社会责任的自觉性。通过对社会责任的背景和发展趋势、企业社会责任在中国社会责任管理体系中地位的深度剖析，不断更新经营理念，完善经营模式，梳理责任体系，提高企业综合的竞争力。在制定社会责任建设规划时，应加强政策、法规和制度的研究，结合企业的实际情况，保证建设的内容和程序合法合规合理。研究社会责任标准中的组成部分，提出企业社会责任的基本要素，制定社会责任标准或技术规范。对于企业社会责任建设的效果，可以组织由行业协会、企业工会和研究机构参与的委员会进行审核评价。

3. 具体内容要求

企业社会责任因企业的性质、组织结构、经营范围、经营方式等的不同在具体内容的表述方面会有差别，但主要的范围应包含以下方面：

（1）企业对政府的责任。企业必须自觉遵守法律法规的规定，合法经营，按章纳税，接受政府的监督和管理，积极承担和履行政府规定的责任和义务。

（2）企业对股东的责任。企业对股东的资金安全和收益负责，力争为股东赚取更大的利润，增加投资回报率。企业应按章程要求向股东提供真实、可靠的经营和投资方面的信息，不欺骗投资者。上市公司定期向股东和社会提供真实准确的经营情况报告和财务报告。

（3）企业对消费者的责任。企业应为消费者提供价格合理、安全、质量合格的商品和满意周到的服务，最大程度地满足消费者的物质和精神需求。不欺诈消费者和牟取暴利，自觉接受政府行政管理部门和消费者的监督，及时认真妥善处理消费者的投诉和意见回馈，主动发现问题并及时处置。

（4）企业对员工的责任。企业应按照 SA 8000 标准及其认证体系的要求，保证员工的合法权益，不断提高员工福利，为员工提供学习提高的机会和条件。禁用童工。

（5）企业对资源环境和可持续发展的责任。企业以可持续发展为原则，限制使用高污染、高排放、高能耗的技术和工艺，减少废弃物的排放，加强可回收物的利用，增加过程循环利用。

（6）企业对社区的责任。企业与所在社区建立和谐融洽的相互关系，为社区提供就业机会，积极参与社区公共事务，资助社区公益活动，向社区通报企业生产经营的相关信息，尤其是可能影响居民日常生活的问题等。

（7）企业对科技发展的责任。企业高度重视引进技术的消化吸收和科技改造，加大资金与人员的投入，研发具有自主知识产权的核心技术，驱动机制创新，提高生产经营效率和能力，为产业进步和升级作出应有的贡献。

**4. 社会责任实施**

企业的社会责任与竞争力提升是企业社会责任管理能力提升的应用指南。企业社会责任构建可以分为 4 个部分。

（1）企业应该建立明确的流程，确保社会问题以及新兴社会力量在最高级别得到充分探讨，并纳入公司战略规划中，从公司总体发展战略出发，将企业的社会责任贯穿到公司的全部生产和经营活动中去。

（2）企业应该设置负责社会责任推行的专门机构，同时应设置相应的社会责任考核指标。

（3）培养企业员工的社会责任意识，使企业的每个员工在日常行为中自觉履行社会责任。

（4）持续定期向社会发放企业社会责任报告，全面真实地展现企业公民形象。

《中华人民共和国食品安全法》规定："食品生产经营者应当依照法律、法规和食品安全标准从事生产经营活动，对社会和公众负责，保证食品安全，接受社会监督，承担社会责任。"食品企业不仅是经济的单位，更是社会的组成部分，在严格遵守食品安全法规定的前提下从事食品的生产和经营活动是企业行为的基本要求，为消费者提供安全健康的食品是食品企业的社会责任。

伦理道德是企业生存与发展的基础，加强企业伦理与社会责任的建设，建立富有责任感的良好企业信誉是企业的立命之本。企业应对照 SA 8000 体系和"联合国全球契约十原则"的具体要求，借鉴国际经验，坚持"以人为本"，切实维护员工权益，努力提高生产经营和管理水平，将经济目标与企业伦理相统一，诚信守法，安全生产，清洁生产，保护环境，减少污染，生产优质产品，承担社会责任。企业应将伦理与社会责任看作企业竞争力的核心资源，走出经济效益与社会责任冲突的误区。建立企业公信力，增强合作伙伴对企业的长期信心。培养消费者与企业和产品的感情，实现企业经济利益、员工利益和社会利益多赢局面，真正实现企业的健康发展、可持续发展。完善企业制度，加强对员工的道德教育，提高员工的道德境界，将社会责任纳入经营战略中，制定以责任为核心的企业经营管理目标，加强社会监督，督促企业自觉遵守企业伦理、履行社会责任。保护消费者合法权益，使企业、社会和经济平衡发展。不采取不正当的手段进行恶性竞争。

安全是保障，质量是核心，消费者满意才是食品企业的最后目标。高效适度加工、对食品生产原料进行充分利用、减少原料损失、节约自然资源、减少环境污染、保护生态环境、为消费者提供安全、健康、丰富的食品产品是食品企业社会责任的具体体现。

# 第二章　食品工程学原理

## 第一节　流体学方程

### 一、流体静力学

流体静力学是研究流体处于相对静止状态下的平衡规律。在实际工程中，这些平衡规律应用很广。本节主要研究流体在重力场中达到静止平衡的规律。

#### （一）流体密度和压力

**1. 密度**

流体在空间某点上的质量与体积之比，称为流体的体积质量，通常又称为流体的密度，用$\rho$表示，单位为$kg/m^3$。其表达式为

$$\rho = \frac{m}{V} \tag{2-1}$$

式中　$m$——流体的质量，kg；

$V$——流体的体积，$m^3$。

任何一种流体的密度除取决于自身的物性外，还与温度和压力有关。对于液体，压力的变化对其密度的影响很小。例如，水在恒温条件下，压力每增加 1 MPa，体积仅减小约 0.05%，工程上常常可忽略不计。因此通常将液体视为不可压缩流体，其密度可仅视为温度的函数。在实践中，应注意温度的变化对液体密度的影响，在查阅或使用液体的密度数据时，应注明其温度条件。

气体的密度随压力和温度的变化较大，是可压缩流体。一般压力不太高，温度不太低时，气体密度可近似地按理想气体状态方程式计算。

理想气体状态方程式

$$pV = \frac{m}{M}RT$$

$$\rho = \frac{m}{V} = \frac{pM}{RT} \tag{2-2}$$

式中　$p$——气体的绝对压力，Pa；

$T$——气体的热力学温度，K；

$M$——气体的摩尔质量，kg/mol；

$m$——气体的质量，kg；

$R$——摩尔气体常数，$R=8.314$。

2. **压力**

垂直作用于流体表面上的力与作用面积之比，称为流体的压强，工程上习惯称为压力，符号为 $p$ ，它的法定计量单位为帕斯卡，符号为 Pa，即 $N/m^2$，工程上常用的压力单位为 kPa 及 MPa，也可使用标准大气压（atm），换算关系为 $1\ atm=1.013\times10^5 Pa=1101.3\ kPa$。此外，文献上仍可见到英制等其他压力单位。

流体的压力有三种表示方法：

（1）绝对压力 $p_{ab}$ 。用绝对真空（绝对零压）作为基准计算的压力，称为绝对压力。

（2）表压力 $p_e$ 。以大气压 $p_a$ 作为基准计算的压力，用于被测流体的绝对压力大于外界大气压 $p_a$ 的情况。压力表上的读数表示被测流体的绝对压力高出大气压的数值，故称为表压力。表压力与绝对压力的关系可用下式表示

$$p_e = p_{ab} - p_a \tag{2-3}$$

（3）真空度 $p_{em}$ 。用于被测流体的绝对压力 $p_{ab}$ 小于外界大气压 $p_a$ 的情况。此时，真空表上的读数表示被测流体的绝对压力低于大气压的数值，称为真空度。用公式表示为

$$p_{cm} = p_a - p_{ab} \tag{2-4}$$

## （二）静力学基本方程

### 1. 静力学基本方程的推导和讨论

为了推导流体静力学基本方程，在密度为 $\rho$ 的静止连续液体内部取一底面积为 $A$ 的垂直液柱。若以容器底为基准水平面，则液柱的上、下底面与基准水平面的垂直距离分别为 $z_1$ 和 $z_2$，在此两高度处液体的静压力分别为 $p_1$ 和 $p_2$。

由于液体处于静止状态，其静压力的方向总是和作用面相垂直，并指向该作用面，故作用在此液柱垂直方向上的力有三个：

（1）对下底面向上的总作用力 $p_2A$；

（2）对上底面向下的总作用力 $p_1A$；

（3）液柱的重力 $\rho gA(z_1 - z_2)$。

取向上的作用力为正，因为处于静止液柱上的各个力代数和为 0，则有

$$p_2A - p_1A - \rho gA(z_1 - z_2) = 0$$

即

$$\rho_2 = \rho_1 + \rho g(z_1 - z_2) \tag{2-5}$$

如将液柱的上底面取在液面上，设液面上方压力为 $p_0$，则距液面深度为 $h$ 处的压力 $p$ 为

$$p = p_0 + \rho gh \tag{2-6}$$

式（2-6）表明，处于重力场中的液体的静压力 $p$ 的大小与液体本身的密度 $\rho$ 和垂直位置 $h$ 有关，而与各点的水平位置无关。换句话说，在静止的连续的同一液体中，处在同一水平位置上的各点的压力都相等。当液面上方的压力 $p_0$ 变化时，液体内部各点的压力 $p$ 也随 $p_0$ 而变，因此液面上所受的压力能以同样大小传递到液体内部。式（2-6）虽然由液体导出，但也适用于高度变化不大的气体。式（2-6）为流体静力学基本方程式的一种形式。

流体静力学基本方程还有其他几种形式，还可写成

$$p_1 + \rho gz_1 = p_2 + \rho gz_2 \tag{2-7}$$

式中，$p$ 表示单位体积流体的静压能；$\rho gz$ 表示单位体积流体的势能。

该式可理解为，对静止流体而言，无论处于位置 1 还是位置 2，静压能和势能之和是一定的。

式（2-7）各项除以密度 $\rho$ ，可得

$$\frac{p_1}{\rho} + gz_1 = \frac{p_2}{\rho} + gz_2 \quad (2-8)$$

式中，$\frac{p}{\rho}$ 为单位质量流体的静压能；$gz$ 为单位质量流体的势能。

由此可见，在静止流体中，一处静压能与势能之和等于另一处静压能与势能之和，静压能和势能都属于机械能。静力学基本方程表明，在静止流体中，这两种机械能之和是守恒的。

式（2-8）各项除以重力加速度 $g$ ，可得

$$\frac{p_1}{\rho g} + z_1 = \frac{p_2}{\rho g} + z_2 \quad (2-9)$$

式（2-9）每项可视为重力为 1 N 的流体的能量，也可以视为将各能量项的大小化为液柱高度。在工程上将 $\frac{p}{\rho g}$ 称为静压头，$z$ 称为位压头。该式表明，两种压头之和在静止流体中处处相等。

上述式（2-6）到式（2-9）为流体静力学基本方程的各种形式，它们都只适用于重力场中静止的不可压缩的连续的单一流体。

2. ***静力学基本方程的应用***

（1）压力的测量

U 形管压差计。它由内盛指示液的 U 形玻璃管构成。指示液 A 与被测液体 B 不互溶，不起化学作用，而且指示液 A 的密度 $\rho_A$ 应大于被测液体 B 的密度 $\rho_B$ 。将 U 形管压差计两臂与管道待测压力差的两截面 1-1′和 2-2′连通。如果两截面处的压力 $p_1$ 和 $p_2$ 不相等，例如 $p_1 > p_2$，则指示液 A 在 U 形管两侧便出现液面高度差 $R$。$R$ 称为压差计的读数，其值的大小可反映流体流经管道两截面间的压力差（$p_1 - p_2$）的大小。按照流体静力学基本方程式可推导出压力差（$p_1 - p_2$）与读数 R 之间的关系式。

U 形管压差计不仅可以用来测定流体的压力差，还可以测量流体任一处的压力。当 U 形管的一端与被测流体相连接，另一端与大气相通时，则读数 $R$ 所反映的是被测流体的绝对压力与大气压力之差，即被测流体的表压力。

（2）液位的测量

食品工厂中经常需要检测贮罐里液体贮存量或控制其液面，以维持连续正常的生产。因此，要对液位进行测量。液面管是最简单、最原始的液位计。在贮罐底部器壁和液面上方器壁处各接一支管，支管间用透明玻璃管相连，则玻璃管内液柱的高度即贮罐内液面的高度。这种液位计在食品工厂中得到广泛应用。

（3）液封高度的确定

在食品工厂中常遇到设备的液封问题。由于设备操作条件不同，采用液封的目的也各不相同。一些设备需要控制其内的气体压力不超过某一限度，常常采用安全液封（又称水封）。当气体压力超过规定值时，气体就会从水封管中排出，以确保设备的安全。某些真空系统既要保持系统的真空度，避免外界空气渗入系统，又要使液体排至系统之外。因此，必须按照流体静力学基本方程，计算液封管应插入水面下的深度和气压管中的水上升的高度。

## 二、流体动力学方程

食品工厂中的流体多以密闭管道输送，因此研究管内流体动力学的基本规律很有必要。这些规律主要为：（1）连续性方程，由质量守恒定律导出；（2）伯努利方程，由能量守恒定律导出。

由于流体在管内的流动是轴向流动，因而可按一维流动来分析，并规定流体流动的截面与流动方向相垂直。

### （一）1. 流量和流速

#### 1. 流量

流量表示单位时间内流过管道任一截面流体的多少，通常有两种表示方法。

①体积流量，为流过管道任一截面的流体体积与时间之比，以符号 $q_V$ 表示，其单位为 $m^3/s$。若在时间 $t$ 内流过任一截面的流体体积为 $V$，则有

$$q_V = \frac{V}{t} \tag{2-10}$$

②质量流量，为流过管道任一截面的流体质量与时间之比，以符号 $q_m$ 表示，其单位为 kg/s。若在时间 $t$ 内流过任一截面的流体质量为 $m$，则有

$$q_m = \frac{m}{t} \tag{2-11}$$

若流体密度为 $\rho$，则很容易得到质量流量与体积流量的关系

$$q_m = \frac{m}{t} = \frac{V\rho}{t} = q_1\rho \tag{2-12}$$

由于流体的密度是温度和压力的函数，因此一定质量流量所对应的体积流量与流体的状态紧密相关。尤其是气体，体积随温度和压力的变化较大，因此，当气体的流量以体积流量表示时，必须注明温度和压力。

### 2. 流速

流速表示流体在流动方向上流得快慢，常见的有两种流速概念。

①点流速，为流体中任一质点在流动方向上所流过的距离与流动时间之比，其单位为 m/s。在管道同一截面不同位置上，流体各质点的点流速并不相等，在管壁处的附着层流体质点的点速度为零，离管壁愈远则点速度愈大，到管道中心处点速度达到最大值。

②平均速度，为流体体积流量 $q_V$ 与管道截面积 $A$ 之比，简称流速，以符号 $u$ 表示，其单位为 m/s。即

$$u = \frac{q_V}{A} \tag{2-13}$$

由式（2-12）和式（2-13）可以得到常用的质量流量计算式

$$q_m = q_1\rho = Au\rho \tag{2-14}$$

### 3. 管径的估算

食品工厂输送流体的管道大多为圆形管道。在管路设计时，管径的选择是个重要问题。管径的选择要遵循总费用最低原则，总费用主要由基建的投资费用和投产后日常的生产费用两项构成。若管径选择得过粗，投资费用会偏高；若管径选择得过细，流体流动阻力过大，生产费用会偏高。二者都会不符合总费用最低原则。因此，管道管径选择要适中。若以 $d$ 表示管道内径，式（1-15）可写为

$$u = \frac{q_V}{A} = \frac{q_V}{(\pi/4)d^2} = \frac{q_V}{0.785d^2}$$

$$d = \sqrt{\frac{q_V}{0.785u}} \tag{2-15}$$

体积流量 $q_V$ 由生产任务决定，$q_V$ 确定后，再选定适宜的流速 $u$ 。按式（2-15）就可以确定输送管路的管径 $d$ 。按总费用最低原则，根据大量的实践经验，已经得到常见流体适宜的流速范围。通常液体的流速取 0.5～3.0m/s，气体流速取 10～30m/s。一般说来，对于密度较大的流体，流速取值应较小，如液体的流速就应比气体的流速小得多。对于黏度较小的液体可采用较大的流速；对于黏度较大的液体，如油类、糖浆等，所选取的流速就应比水或稀溶液小一些；对于含有固体物料的流体，流速不能太小，否则固体物料会沉积在管道内。

### （二）稳定流动和不稳定流动

流体在管道中流动时，任一截面处的流速、流量和压力等物理参数不随时间变化而变化的流动称为稳定流动。流体流动时，任一截面的各物理参数中，只要有一个物理参数随时间的变化而变化，就称为不稳定流动。

### （三）连续性方程

流体流动的连续性方程实质上是稳定流动体系中的物料衡算关系式。对于稳定流动体系，任意位置上均无物料积累。

由式（2-14）可得

$$A_1u_1\rho_1 = A_2u_2\rho_2 \tag{2-16}$$

若将上式推广到体系的任一截面，则有

$$q_m = Au\rho = 常量 \tag{2-17}$$

式（2-17）反映了在稳定流动体系中，流体流经各截面的质量流量相等，流速 $u$ 随管道截面积 $A$ 和流体的密度 $\rho$ 的变化而变化。若流体为不可压缩的流体，即 $\rho$ = 常量，式（2-17）变为

$$q_V = A_1u_1 = A_2u_2 = Au = 常量 \tag{2-18}$$

式（2-17）表明，不可压缩的流体稳定流动时，流体流经各截面的体积流量也相等。

式（2-16）和式（2-17）都称为管内稳定流动的连续性方程。对于直径为 $d$ 的圆形管道，不可压缩流体稳定流动的连续性方程可以改写为

$$\frac{\pi}{4}d_1^2u_1 = \frac{\pi}{4}d_2^2u_2, \text{ 即} \frac{u_2}{u_1} = \left(\frac{d_1}{d_2}\right)^2 \quad (2\text{-}19)$$

式（2-19）表明，不可压缩流体稳定流动时，管内流体的流速与管道直径的平方成反比。

## 第二节　流体流动现象与测定

### 一、流体流动现象

#### （一）流体的黏度

流体不能保持一定形状，任何微小的剪切力都可以使流体产生变形。流体受到剪切力作用时，抵抗变形的特性叫作黏性。黏性使流体在受力质点间做相对运动时产生阻力，这种阻力又称为流体的内摩擦力或黏性力。流体黏性越大，其流动性越差。静止流体不能表现出黏性，因而黏性是流体的流动特性。黏度是流体黏性大小的量度，是流体的重要物理性质。

**1. 牛顿黏性定律**

设有上下两块平行放置而相距很近的平板，两板间充满静止流体。若下板固定，对上板施平行于两板的外力，使上板做匀速直线运动，则板间流体也随之运动，但各液层运动速度不同。紧靠上板面的流体，因附着于板面上，具有与上板相同的速度，而紧靠下板面的流体，因附着于板面，速度为零。两板间的流体形成上大下小的流速分布，各平行流体层间存在相对运动。运动较快的上层对相邻的运动较慢的下层有拖动其向前运动的剪切力，或反过来说，运动较慢的下层对相邻的运动较快的上层产生摩擦力或黏滞阻力。该摩擦力与前述剪切力大小相等，方向相反。设垂直方向 $y$ 处流体层的流速为 $u$，在 $y + \mathrm{d}y$ 处的流速为 $u + \mathrm{d}u$，则 $\frac{\mathrm{d}u}{\mathrm{d}y}$ 表示速度沿法线方向的变化率，称为速度梯度。实验证明，两流体层之间的剪切力（摩擦力）$F$ 与液层面积 $A$ 和速度梯 $\frac{\mathrm{d}u}{\mathrm{d}y}$ 皆成正比，即

$$F = \mu A \frac{du}{dy} \tag{2-20}$$

剪切力与液层面积之比，称为切应力，用符号 $\tau$ 表示，则

$$\tau = \frac{F}{A} = \mu A \frac{du}{dy} \tag{2-21}$$

式（2-20）和式（2-21）均称为牛顿黏性定律。式中，比例系数 $\mu$ 称为黏性系数或动力黏度，简称黏度。由式（2-20）可见，$\mu$ 的物理意义为：$\frac{du}{dy} = 1$ 时，单位面积上产生的内摩擦力的大小。显然流体黏度越大，流动时产生的内摩擦力也越大。从式（2-21）可得到黏度的单位为：$[\mu] = \left[\frac{\tau}{du/dy}\right] = \frac{Pa}{\frac{m/s}{m}} = Pa \cdot s$ 黏度的量纲：$\dim\mu = ML^{-1}T^{-1}$ 故 $Pa \cdot s = kg/(m \cdot s)$。在流体力学中，还经常使用运动黏度 $v$，$v$ 定义为动力黏度 $\mu$ 与流体密度 $\rho$ 之比：

$$v = \frac{\mu}{\rho} \tag{2-22}$$

显然，运动黏度 $v$ 的法定计量单位为 $m^2/s$。

在 CGS 单位制中，$v$ 的单位为 $cm^2/s$，曾称为"斯托克斯"，以符号"St"表示，显然它与 SI 制的换算关系为 $1St = 10^{-4}m^2/s$。

2. **流体的动量传递**

流体为什么会具有黏性？从微观的分子运动角度解释产生黏性的原因是十分清楚的。由于流体分子不停地进行热运动，做宏观相对运动的两层流体间总会有分子的相互掺混。慢层中的分子进入快层后，与快层分子碰撞，使快层向前的平均动量变小，反之快层中的分子进入慢层后，使慢层向前的平均动量变大。这种流体层间分子动量的交换，使层间速度梯度变小，为维持一定的速度梯度，必须对快层施加持续的剪切力，或者说，因分子动量交换，流体层间的相对运动产生阻滞力。因此，分子间的动量交换是流体产生黏性的一个主要原因。式（2-21）就反映了这种动量交换的规律。

切应力 $\tau$ 可理解为单位时间内穿过单位流体层面积在 $y$ 方向传递的动量，即 $\tau$ 为 $y$ 方向的动量通量，表示流体分子动量传递的快慢。将式（2-21）变换为

$$\tau=\frac{\mu}{\rho}\frac{\mathrm{d}(\rho u)}{\mathrm{d}y}=v\frac{\mathrm{d}(\rho u)}{\mathrm{d}y}=v\frac{1}{V}\frac{\mathrm{d}(mu)}{\mathrm{d}y} \tag{2-23}$$

式中，$\frac{\mathrm{d}(mu)}{\mathrm{d}y}$是动量梯度。牛顿黏性定律也表明，流体分子的动量通量$\tau$不仅与动量梯度成正比，还与运动速度成正比。从微观角度看，流体黏度的大小是其分子动量传递快慢的标志，流体分子进行动量传递是流体具有黏性的一个根本原因，黏度越大，表明其分子动量传递越快。流体黏度大小除与流体本性有关外，还受多种因素影响，其中最主要的影响因素是温度。一般液体的黏度随温度升高而减小，而气体的黏度随温度升高而增大。产生这种差别的原因主要是液体、气体分子运动和分子引力的特点不同所致。

### （二）流体流动形态

在前面阐述牛顿黏性定律时曾提到流体内摩擦力的产生是流体层间相互拖动的结果。实际上，流体不一定都呈流体层的状态流动。1883 年著名的英国物理学家奥斯本·雷诺通过实验对流体流动时内部质点的运动情况及各种因素对流动状态的影响进行了直接观察和研究，发现流体流动可分为两种截然不同的形态：层流和湍流。

#### 1. 雷诺实验和雷诺数

（1）雷诺实验

在水箱中装有溢流装置，以维持水箱液面不变。箱底安装一个带有喇叭形入口的玻璃管，管的下游装有阀门以调节管内水的流速。水箱顶部安装一个盛有红墨水的小瓶，红墨水的密度与水的密度相近。玻璃管入口处中心有一个与小瓶相通的针形小管，当水箱中的水流经玻璃管时，红墨水通过针形小管注入玻璃管中心。

实验时可以观察到，当玻璃管中水的流速小时，管中心的红墨水呈现为一条轮廓清晰的细直线，沿其轴线平稳地通过全管。当增大玻璃管中水的流速时，起初的红色直线仍是一条平稳的流线，保持平、直、光滑。当流速增大到某一临界值时，红色液体流线开始波动、弯曲，至一定数值时，红墨水的细线开始抖动，呈现为一条波浪形的细线。继续增大水的流速至某值时，红墨水的细线断裂并呈旋涡状被水冲散，与水混合在一起，使整个玻璃管中的水呈现均匀一致的较淡的红色。

雷诺实验清楚地表明，当流速不同时，流体质点的运动存在两种截然不同的类型。一种是当流速小于某一个确定值时，流体质点沿流动方向做一维运动，在与流动方向垂直的平面内没有速度分量（不含杂乱的质点运动），流体平行地流动，质点间互不混杂，这种流动形态称作层流或滞流。另一种是当流速大于某一个确定值时，流体质点除沿流动方向运动之外，还在垂直于流动方向上有速度分量，质点间彼此碰撞、互相混合，质点的速度大小和运动方向随时发生变化，这种流动形态称作湍流或紊流。

（2）雷诺数

上述实验中采用改变流速 $u$ 的大小的方法可以引起流动形态的变化。倘若用不同的流体或不同直径的玻璃管做实验，实验证明，管径 $d$ 、流体的密度 $\rho$ 和黏度 $\mu$ 等的变化也都能引起流体流动形态的改变。雷诺将这些影响因素，即 4 个有内在联系的物理量按量纲为 1 的条件组合成一个特征数，用以判断流体流动形态，这个特征数就称为雷诺数，用 $Re$ 表示，其表达式为

$$Re = \frac{du\rho}{\mu} \tag{2-24}$$

## 2. 雷诺数的量纲

雷诺数的量纲为

$$\dim Re = \frac{L \cdot LT^{-1}\ ML^{-3}}{ML^{-1}T^{-1}} = L^0M^0T^0 = 1$$

由此可见，雷诺数 $Re$ 是一个量纲为 1 的特征数。

雷诺实验表明：

（1）当 $Re \leqslant 2000$ 时，流体流动形态为层流。

（2）当 $2000 < Re < 4000$ 时，流体流动为过渡状态，可能是层流亦可能是湍流，视外界条件而定。过渡状态的层流是不稳定的，可能转化为湍流，在一般工程计算中，当 $Re > 2000$ 时即可作为湍流处理。

（3）当 $Re \geqslant 4000$ 时，流体流动形态为湍流。

当流体在管内做层流流动时，不同流体层的流体质点间无宏观混合，即无径向脉动速度，流体内部动量、热量和质量在径向上的传递仅依赖于分子扩散。湍流是重要的流体流动形态。湍流时，流体质点在径向上的脉动将极大地加速流体在径向上动量、热量和质量的交换。工业生产中涉及流体流动的单元操作，如流体的输送、搅拌、混合、传热等单元操作，大多数都是在湍流下进行的。

## 二、流体流动的阻力

在之前讨论实际流体流动机械能衡算时，提出了一个颇为重要的能量项：机械能损失。它是实际流体因具有黏性，流动时克服摩擦阻力而损失的机械能，这部分能量最终转变为热能。由于这种转变是不可逆的过程，这部分能量就不再参加动力学过程，因而在流体力学上将其称为机械能损失或摩擦损失，也常常直接称为阻力。本节在之前讨论管内流体流动现象的基础上进一步讨论了流体运动阻力的计算方法。流体运动的阻力，按照外因不同可分为两类：一类发生在流体运动的一段路程上，这种阻力的大小与直管长度成正比，称为直管阻力或沿程阻力。另一类发生在流体运动边界有急剧改变的局部位置上，称为局部阻力。

### （一）管内流体流动的直管阻力

#### 1. 直管阻力公式

不可压缩流体在管内稳定流动时，其直管阻力可由一段不变径水平管中的压力降求得。在管入口截面和出口截面间列伯努利方程：

$$gz_1 + \frac{p_1}{\rho} + \frac{u_1^2}{2} = gz_2 + \frac{p_2}{\rho} + \frac{u_2^2}{2}$$

因是水平管，故 $z_1 = z_2$；因不变径，故 $u_1 = u_2 = u$。故上式中的直管阻力为

$$h_f = \frac{p_1}{\rho} - \frac{p_2}{\rho} = \frac{\Delta p}{\rho} \tag{2-25}$$

因是稳定流动，故推动力和摩擦阻力平衡。若管长为 $l$，直径为 $d$，则有 $\Delta p \cdot \frac{\pi}{4}d^2 = \tau \pi dl$，$\Delta p = \frac{4\tau l}{d}$。

于是

$$h_f = \frac{4\tau l}{\rho d} \tag{2-26}$$

将式（2-26）变换，得 $h_f = \frac{8\tau}{\rho u^2} \cdot \frac{l}{d} \cdot \frac{u^2}{2}$。

令 $\lambda = \frac{8\tau}{\rho u^2}$，则得

$$h_f = \lambda \frac{l}{d} \cdot \frac{u^2}{2} \tag{2-27}$$

式中　$\lambda$——摩擦因数，是量纲为 1 的常数。

式（2-27）就是计算直管阻力的范宁公式，对层流和湍流都适用。范宁公式表明，管内流体流动的直管阻力与流体流动的动能 $\frac{u^2}{2}$ 成正比，与管道的长径比 $\frac{l}{d}$ 成正比，比例常数即摩擦因数 $\lambda$ 。

如同伯努利方程有不同的表达形式，阻力还可以表示成压头损失 $H_f$ 或压力损失 $\Delta p_f$。

$$H_f = \frac{h_f}{g} = \lambda \frac{l}{d} \cdot \frac{u^2}{2g} \tag{2-28}$$

$$\Delta p_f = \rho h_f = \lambda \frac{l}{d} \cdot \frac{\rho u^2}{2} \tag{2-29}$$

现在，问题的关键是如何求算摩擦因数 $\lambda$ 。因为流动形态是层流还是湍流对摩擦因数有影响，$\lambda$ 的求算方法也不同。下面讨论层流和湍流情况下摩擦因数 $\lambda$ 的求法。

## 2. 层流的摩擦因数

对于不变径水平管，在无外功输入条件下，不可压缩流体稳定流动时，其压力 $\Delta p$ 就是压力损失 $\Delta p_f$ 。层流时，该压力降可引用泊肃叶方程求得：$\Delta p_f = \frac{32\mu lu}{d^2}$ 。

将压力损失变换为直管阻力：

$$h_f = \frac{\Delta p_f}{\rho} = \frac{32\mu lu}{\rho d^2} = 64 \cdot \frac{\mu}{du\rho} \cdot \frac{l}{d} \cdot \frac{u^2}{2}$$

$$h_f = \frac{64}{Re} \cdot \frac{l}{d} \cdot \frac{u^2}{2}$$

与式（2-29）比较，可得

$$\lambda=\frac{64}{Re} \tag{2-30}$$

式（2-30）是计算层流时摩擦因数的理论公式，它与实验结果完全符合。

3. 湍流的摩擦因数

在流体湍流流动时，流体质点脉动、碰撞、混合并不断地产生旋涡，因此比层流情况要复杂得多。目前还不能用理论分析的方法建立湍流条件下阻力的关系式。对于此类复杂问题，在工程技术中常通过实验建立经验关系式。对于光滑管，实验表明，摩擦因数只与 $Re$ 有关。柏拉修斯提出一个有用的计算湍流光滑管摩擦因数的经验公式

$$\lambda=\frac{0.3164}{Re^{0.25}} \tag{2-31}$$

此式适用范围为 $Re=2.5\times10^3\sim1\times10^5$。

### （二）管内流体流动的局部阻力

管路系统中的流动阻力除流经直管因摩擦产生的直管阻力外，还有流体流经各类管件、阀门、进口、出口及管道的突然扩大或缩小处等局部障碍引起的机械能损失。后者是由于流体的速度大小和方向急剧变化，流体受到干扰或冲击，在局部区域形成涡流等造成能量损失，称为局部阻力。可将流体流经管路中的管件、阀门、进口、出口等所产生的局部阻力 $h'_f$ 用动能 $\frac{u^2}{2}$ 的倍数来计算，即

$$h'_f=\xi\frac{u^2}{2} \tag{2-32}$$

式中　$\xi$——局部阻力因数，其值由实验测定。

管中流体的总阻力 $\Sigma h_f$ 即为直管阻力 $h_f$ 及各局部阻力 $h'_f$ 之和

$$\Sigma h_f=h_f+\Sigma h'_f=\left(\lambda\frac{l}{d}+\Sigma\xi\right)\frac{u^2}{2} \tag{2-33}$$

## 三、流量测定

流速是流体运动最为基本的参数，在食品生产过程中，基于监控生产条件、

调节和控制生产过程等目的，常常需要测定流体的流速或流量。生产上一般采用流量计直接测量，也可通过测定流通截面上某点或若干点的流速求得。其测量原理都以流体能量守恒原理为基础。流量测定装置分两类：（1）差压流量计，通过压头的改变进行测量，如测速管、孔板流量计和文丘里管流量计等。（2）截面流量计，通过截面积的改变进行测量，主要有转子流量计等。

## （一）差压流量计

### 1. 测速管

测速管又称皮托管，用于测定管路中流体的点速度。它由两根弯成直角的同心圆管组成。内管前端敞开，开口朝着迎面流来的被测流体；外管前端封闭，管侧壁离前端一定距离处开有几个测压小孔，流体从小孔旁流过。

内外管的另一端通到管道外部，分别与压差计的两端相连接。对于某水平管路，被测流体以流速 $u$ 趋近测速管前端，由于管内已充满流体，故随着流体向内管口流动，其动能逐渐转化成静压能，速度渐减，到达管口时为零。因此，内管口 A 处的静压能为原有的压能和动能转化的静压能之和，称为冲压能 $\frac{p}{\rho}+\frac{u^2}{2}$。而外管 B 处的静压能仍为原流体的静压。反映到 U 形管压差计上的静压能之差为 $\frac{\Delta p}{\rho}=\left(\frac{p}{\rho}+\frac{u^2}{2}\right)-\frac{p}{\rho}=\frac{u^2}{2}$。

若压差计的读数为 R，指示液的密度为 $\rho$，则 $\frac{\Delta p}{\rho}=\frac{gR(\rho_i-\rho)}{\rho}$。

与上式结合，可得

$$u=\sqrt{2R(\rho_i-\rho)\rho} \tag{2-34}$$

若被测流体为气体，因 $\rho_i \gg \rho$，则式（2-34）可简化为

$$u=\sqrt{\frac{2R\rho_i g}{\rho}} \tag{2-35}$$

测速管所测的速度是管道截面上某一点处流体的线速度。如果要测定管道截面上的平均速度，则应将测速管置于管道轴心，测量最大流速 $u_{max}$，以最大流速 $u_{max}$ 计算出最大雷诺数 $Re_{max}$，即可找出 $\frac{u}{u_{max}}$ 值，从而计算出管道中流体的平均流

速 $u$，并可以进一步求得流量。测速管结构简单、阻力小，适于测量大直径低压气体管道内的流速，但不能直接测量流量。管路内流体速度分布曲线可用测速管的测定结果绘制。为了测量准确，测速管管口截面应严格垂直于流动方向，测量点离进口、管件、阀门等要有 8~12 倍于管径长度的直管段，测速管的直径要小于管径的 1/50。

2. 孔板流量计

（1）结构

它主要由一块中央开有圆孔的金属板辅以 U 形管压差计组成。孔板的中央圆孔经过精密加工，其孔口侧边与管轴成 45°角，由前向后扩大，称为锐孔，安装在管内垂直于流体流动的方向。对于水平管路，流体由管道 1-1′截面流向锐孔，由于流道缩小，因此流速增大，静压力降低。在惯性作用下，通过锐孔后流体的实际流道继续缩小至 2-2′截面，流动截面达到最小，此处称为缩脉。由 28U 形管压差计的读数可求得流量。

（2）流量公式

若不考虑过孔的摩擦阻力损失，在 1-1′截面和孔口 0-0′截面间列出伯努利方程，则

$$\frac{p_1}{\rho}+\frac{u_1^2}{2}=\frac{p_0}{\rho}+\frac{u_0^2}{2} \tag{2-36}$$

若管道截面积为 $A_1$，孔板的孔口截面积为 $A_0$，根据不可压缩流体的连续性方程，消去式（2-36）中的 $u_1$，得

$$\frac{p_1-p_0}{\rho}=\frac{u_0^2}{2}(1-m^2) \tag{2-37}$$

孔口流速为

$$u_0=\frac{1}{\sqrt{1-m^2}}\sqrt{\frac{2(p_1-p_0)}{\rho}} \tag{2-38}$$

由于孔板较薄，因此不便于安装测压口。实际上，U 形管压差计采用角接法时，将上、下游两个测压口接在孔板前后的两块法兰的 $a$、$b$ 两处，用 $a$、$b$ 测压口的压力差（$p_a-p_b$）代替（$p_1-p_0$），又考虑到流体流经孔板会有阻力损失，故式（2-39）需引入校正因数 C 予以修正

$$u_0 = \frac{C}{\sqrt{1 - m^2}}\sqrt{\frac{2(p_a - p_b)}{\rho}} \tag{2-39}$$

令 $C_0 = \frac{C}{\sqrt{1 - m^2}}$，将 $C_0$ 称作流量因数，则

$$u_0 = C_0\sqrt{\frac{2(p_a - p_b)}{\rho}} = C_0\sqrt{\frac{2gR(\rho_i - \rho)}{\rho}} \tag{2-40}$$

式中　$R$——U 形管压差计的读数，m；

$\rho_i$——指示液密度，$kg/m^3$；

$\rho$——被测流体密度，$kg/m^2$。

管道中流体流量为

$$q_v = u_0 A_0 = C_0 A_0\sqrt{\frac{2gR(\rho_i - \rho)}{\rho}} \tag{2-41}$$

（3）流量因数

常用的孔板流量计，其 $C_0 = 0.6 \sim 0.7$。孔板流量计构造简单，制造和安装方便，应用十分广泛。主要缺点是当流体通过孔板流量计的锐孔时，由于突缩和突扩，会产生较大的局部阻力损失。在安装孔板流量计时，上游直管长度应至少为 50d，下游直管长度应至少为 10d，以保证流量计读数的精确性和重现性不受影响。

## （二）转子流量计

转子流量计属于流量计的另一种类型——截面流量计，应用广泛。

转子流量计由一根垂直安装在流体输送管路上的锥形硬玻璃管以及管内的一个可上下浮动的转子构成。被测流体自下部流入，从顶部流出。玻璃管的截面积自下而上逐渐扩大。转子由金属或其他材料制成，其密度大于被测流体的密度。转子与玻璃管内壁间形成了一个环隙流道。无流体通过时，转子静止于玻璃管底部；有流体自下而上流动时，环隙处的流体速度较大，静压力减小以克服局部阻力，转子上下两侧产生一定的压力差，下侧压力较大，压力差托起转子，使转子上浮。转子上浮后，环隙截面积增大，环隙间流体流速减小，转子上下两侧压力差随之减小。当转子上下两侧压力差造成的升力等于转子受到的重力与浮力之差

时，转子将稳定地在这个高度上旋转。因此，转子稳定的悬浮位置是随流量的变化而改变的。流体流量越大，转子位置越高。根据转子位置的高低，就可以测量管道中流体的流量大小。在转子流量计玻璃管的外表面上刻有流量读数，由转子的停留位置即可读出流体的流量。

# 第三节　流体输送

## 一、离心泵

### （一）离心泵的结构与原理

#### 1. 离心泵的工作原理

启动离心泵之前，需要先将被输送的液体灌满吸入管路和泵壳，当电动机带动泵轴使叶轮快速旋转时，叶片间的液体在离心作用下沿叶片间的通道从叶轮中心被抛向叶轮的外缘。在此过程中，泵通过叶轮向液体提供了能量，液体可以以很高的速度（15~25m/s）离开叶轮外缘进入蜗形泵壳。在蜗形泵壳中由于流道的逐渐扩大，流体流速减慢，大部分动压头转变为静压头，流体以较高的静压力沿着切向流入排出管路，从而实现流体输送的目的。

叶轮中心的液体做径向运动的同时，该处形成负压区。因为泵的吸入管路浸没在被输送的液体内，在贮液槽液面压力（常为大气压）与叶轮中心处负压的压力差作用下，液体不断地被吸入泵的叶轮内，以填补被排出液体的位置。这样，叶轮不停地转动，液体就能连续不断地被吸入与排出，实现输送液体的任务。这就是离心泵的工作原理。

如果泵启动时泵壳和吸入管道内没有充满液体，泵内存在空气，那么由于空气的密度小于液体的密度，所产生的离心作用很强，不足以形成吸入液体所需要的真空度。此时，离心泵就无法工作。这种现象称作“气缚”。因此，离心泵启动之前必须向泵壳内灌满被输送的液体。

当泵的吸入口位于被输送液体贮槽液面之下时，液体能自动流入泵中。此外，当贮液面位于泵吸入口之时，一般在吸入管路的底端安装带滤网的单向底阀，滤网可以防止液体中的固体物质进入泵内堵塞管路及泵壳。调节阀则供启动、停车和调节流量时使用。

### 2. 离心泵的主要部件

离心泵的主要部件为叶轮、泵壳和轴封装置。

（1）叶轮

叶轮是离心泵的心脏部件，它的作用是将电动机提供的机械能传给液体，提高被输送液体的静压强和动能。离心泵的叶轮通常分为开式、半开式和闭式。开式叶轮，没有前后盖板，它结构简单，清洗方便，适用于输送含杂质的液体。但由于没有盖板，液体在叶片间运动时容易产生倒流，故效率较低；半开式叶轮，只有叶片和后盖板而没有前盖板，它适用于输送含有固体颗粒的悬浮液，这种叶轮的效率也较低；闭式叶轮，在叶片的两侧带有前盖板和后盖板。液体在两块盖板和叶片构成的流道中运动，因此，闭式叶轮效率比较高，广泛用于输送不含杂质的清洁液体。食品生产中所用的离心泵，由于卫生和经常清洗的需要，常采用叶片少的闭式叶轮离心泵。

（2）泵壳

离心泵的泵壳呈蜗牛壳形，它有一个截面逐渐扩大的流道，起着能量转换的作用。叶轮在壳内顺着蜗牛壳流道逐渐扩大的方向旋转。从叶轮外缘抛出的高速液体沿蜗牛壳流道流动，并逐渐减速，将一部分动能转变为静压能。为了减少液体直接进入蜗牛壳的碰撞，有时在叶轮和泵壳之间安装一个固定的导轮。导轮的叶片间形成了多个逐渐转向的流道，使高速液体能均匀而缓和地将动能转化为静压能，以便减少能量损失。

（3）轴封装置

因为泵轴转动而泵壳不动，其间必有缝隙。为了防止高压液体从泵壳内沿轴向外泄漏以及因叶轮中心处为负压使外界空气经缝隙漏入，在轴穿过泵壳的环隙处设置轴封装置。轴封装置分两种。一种为填料密封，以浸油的石棉绳作为填料，将泵壳内、外隔开，泵轴仍能自由转动；另一种为机械密封，由两个光滑而紧密贴合的金属环组成，一个是用硬质金属材料制成的动环，装在泵轴上，另一个是用浸渍石墨等制成的静环，安装在泵壳上，二者在泵运转时保持紧密接触以防止渗漏。输送食品或酸、碱、油等液体的离心泵，常采用机械密封装置。

## （二）离心泵的性能

### 1. 离心泵的主要性能参数

离心泵的主要性能参数包括扬程（压头）、流量、转速、有效功率和效率。这些性能参数表示该泵的特性，通常在泵的铭牌或样本中写明，以供选用。

（1）扬程

泵的扬程又称泵的压头，表示在输送中泵给予单位质量液体的能量。用符号 $H$ 表示，其单位为 J/N，亦即 m。在泵进口和出口附近分别取截面 1 和 2，在截面 1 和截面 2 间做能量衡算，则泵对单位质量液体所做的功 $w$ 为 $w = g(z_2 - z_1) + \frac{p_2 - p_1}{\rho} + \frac{u_2^2 - u_1^2}{2}$。

泵的压头 $H = \frac{w}{g}$，上式两边除以 $g$，则泵的压头为

$$H = (z_2 - z_1) + \frac{p_2 - p_1}{\rho g} + \frac{u_2^2 - u_1^2}{2g} \quad (2\text{-}42)$$

（2）流量

泵的流量是指泵在单位时间内排出的液体体积，或称输液能力，用符号 $q_v$ 表示，单位为 $m^3/s$。习惯上多以 L/min 或 $m^3/h$ 表示。

（3）转速

离心泵的转速是指泵轴单位时间内转动的周数，常用符号 $n$ 表示。$n$ 的常用单位是 r/min。离心泵的转速以 2900r/min 和 1450r/min 最为常见。

（4）有效功率

有效功率为单位时间内液体流经泵后实际得到的能量，用符号 $P_e$ 表示，单位为 J/s，亦即 W。

$$P_e = w \cdot q_m \quad (2\text{-}43)$$

因为质量流量 $q_m = \rho \cdot q_v$，而 $w = Hg$，故有

$$P_e = q_v H \rho g \quad (2\text{-}44)$$

泵轴从电动机得到的实际功率称为泵的轴功率，通常所称的泵的功率即指此

轴功率，用符号 $P$ 表示。

（5）效率

实际上泵在输液时，电动机输入到泵轴上的功率必大于有效功率。泵的有效功率与轴功率之比称为泵的效率，用符号 $\eta$ 表示，则有

$$\eta = \frac{P_c}{P} \tag{2-45}$$

泵效率的高低表明泵对外加能量的利用程度。运转过程中，泵的能量损失主要有三种：

①容积损失。离心泵在运转中，一部分获得能量的高压液体沿叶轮与泵壳间的缝隙漏回吸入口或者从平衡孔返回低压区，导致泵的流量减小所造成的能量损失。

②水力损失。液体流过叶轮和泵壳时，由于流速大小和方向的改变，发生冲击及叶片间的环流等产生的能量损失。

③机械损失。高速旋转的叶轮盘面与液体间的摩擦，泵轴与轴承、轴封间的摩擦引起的机械能损失。

离心泵的效率反映上述三种能量损失的总和，故又称为总效率。离心泵的效率与泵的类型、尺寸、制造精密程度、液体的流量和性质等有关。一般小型泵的效率为50%~70%，大型泵可达90%左右。

2. 离心泵的特性曲线

上述离心泵的性能参数 $q_V$、$H$、$\eta$ 及 $P$ 之间是相互联系和制约的。泵的铭牌上所列的数值均指该泵在效率最高点的性能。要全面反映泵的性能，就必须知道性能参数间的关系。这些关系由实验测得，绘成的曲线称为离心泵的特性曲线。特性曲线由泵的制造厂提供，附于泵样本或说明书中，供使用单位选泵和操作时参考。离心泵的特性曲线一般指在转速 $n$ 一定时，$H-q_V$，$P-q_V$ 和 $\eta-q_V$ 3 条关系曲线。

① $H-q_V$ 曲线，表示离心泵的扬程与流量的关系。泵的扬程随流量的增大而减小（在流量极小时可能有例外）。

② $P-q_v$ 曲线，表示离心泵的轴功率与流量的关系。离心泵的轴功率随流量的增大而增大，当 $q_V=0$ 时，$P$ 最小。因此，离心泵启动时，应将其出口阀关闭，

在 $q_V=0$ 的状况下启动，可以减小电动机的启动功率。

③ $\eta - q_1$ 曲线，表示离心泵的效率与流量的关系。随着流量的增加，离心泵的效率先增大，当达到最大值后，效率逐渐下降。这说明离心泵在一定的转速下，有一个最高效率点。离心泵在该点对应的扬程和流量下工作最经济。离心泵铭牌上标明的性能参数指标即效率最高点对应的参数，或称泵的最佳工况参数。在选用离心泵时，应使离心泵在不低于最高效率 92%的范围内工作。

### （三）离心泵的类型

按被输送液体的性质不同，离心泵可分为水泵、耐腐蚀泵、油泵、杂质泵等；按叶轮吸入液体的方式不同，可分为单吸泵和双吸泵；按叶轮数目不同，可分为单级泵和多级泵。

现在对与食品工业相关的几种主要类型的离心泵作简要说明。

#### 1. 水泵

水泵又称清水泵，用于输送清水及物理化学性质类似于水的液体。常用的清水泵有 IS 型、S 型和 D 型等。IS 型泵是根据国际标准 ISO 2858 规定的性能和尺寸设计的，其效率比旧型号 B 型泵平均提高 3.67%。

IS 型系列泵为单级单吸离心泵。该系列泵的扬程范围为 5～125m，流量范围为 6.3～400m³/h，输送介质温度不得超过 80℃。型号表达方式以 IS 80-65-160A 为例：IS 为国际标准单级单吸清水离心泵；80 为吸入口直径（mm）；65 为排出口直径（mm）；160 为叶轮名义直径（mm）；最后的字母“A”表示此泵叶轮外径比基本型号小一级，即叶轮外缘经过了一次车削。

S 型系列泵为双吸泵。该系列离心泵适用于流量大但扬程不太高的场合，进口直径为 100～500mm，流量为 72～2020m³/h，扬程为 12～125m。型号表达方式以 150S78A 为例：150 为泵入口直径（mm）；S 为单级双吸离心泵；78 为设计点扬程（m）；A 意义同上。

当扬程要求很高时，可采用多级泵，典型的多级泵是 D 型泵。叶轮级数最高是 14 级，扬程为 50～1800m，流量为 6.3～580m³/h。型号表达方式以 D155-67X3 为例：D 表示节段式多级离心泵；155 表示泵设计点流量（m³/h）；67 为泵设计点单级扬程（m）；3 为泵的级数。

2. 食品流程泵

食品流程泵广泛应用于酿酒及饮料、淀粉、粮食加工等工业部门，常用的SHB型泵为单级单吸悬臂式离心泵。叶轮采用半开式，并可通过调整垫片对叶轮和泵体的轴向间隙进行调整，适用于输送悬浮液。全系列流量范围为80~600m$^3$/h，扬程16~25m，输送介质温度为-20℃~105℃。型号表达方式以SHB125-100-250-（102）SI为例：SHB表示食品流程泵；125表示泵入口直径（mm）；100表示泵出口直径（mm）；250表示叶轮直径（mm）；102表示材质代号；SI表示单端面内装式机械密封。

3. 磁力驱动泵

CSB氟塑料磁力驱动泵是一种新型的无泄漏离心泵，具有耐任意浓度的各种强酸、强碱、强氧化剂等腐蚀性介质的优良性能，输送介质温度低于80℃。该泵采用磁性传动，没有转轴动密封，根本上杜绝了泵的泄漏，具有结构简单、维修方便、操作稳定可靠、噪声小、质量轻等优点。因此，近年来在食品工业中应用较为广泛。

4. 耐腐蚀泵

输送酸、碱等腐蚀性液体时应采用耐腐蚀泵，其主要特点是与液体接触的部件采用耐腐蚀材料制成，其系列代号为“F”。该系列泵的扬程范围为15~105m，流量范围为2~400m$^3$/h，被输送液体温度为-20~105℃。

5. 杂质泵

输送含有固体颗粒的悬浮液及稠厚的浆液等通常采用杂质泵。杂质泵的叶轮流道宽，叶片数目少，常采用开式或半开式叶轮，其系列代号为“P”，此系列中又根据所含杂质不同分为污水泵“PW”、砂泵“PS”和泥浆泵“PN”等。

## 二、其他类型的泵

### （一）往复泵

往复泵包括柱塞泵、活塞泵和隔膜泵等。它主要由泵缸、活塞或柱塞、吸入阀、排出阀等组成。吸入阀和排出阀都是单向阀门，分别只能向内或向外开。活塞与曲柄连杆相连接，并由电动机或内燃机驱动曲柄连杆带动活塞在泵缸中做往复运动。当活塞自左至右移动时，工作室容积增大，形成低压。此时，排出管内液体的压力作用使排出阀呈关闭状态，吸入管内液体推开吸入阀进入工作室。当活塞移至右端终点时，工作室容积最大，吸入液体最多，吸液过程结束。当活塞自右至左移动时，因活塞的推挤，泵缸内形成高压，吸入阀受压而关闭，排出阀被高压液体推开，缸内液体被压入排出管路。活塞移至左端终点时，排液完毕，完成一个工作循环。因此，活塞不断地进行往复运动，就将液体不断地交替吸入和排出。由此可见，往复泵的特点是通过活塞对液体直接做功，将外功以压力能的形式直接传递给液体，这与叶片泵有着本质的区别。

活塞泵适用于压头较低的液体输送。活塞顶面在泵缸内向左或向右移动的极端位置称为“死点”，两死点之间的距离即活塞移动的最大距离称为冲程或行程。如果活塞往复运动一次，泵缸吸入和排出液体各一次，这种泵就称为单作用泵或单动泵。单作用泵排出液体是间断的，加上活塞直线往复运动的不均匀性，导致排液时被输送液体的流量随曲轴转角而变化。

为了改善单作用泵排液流量的不均匀性，出现了双作用泵或双动泵。双作用泵有 4 个单向阀，分布在泵缸的左右两端。当活塞向右移动时，左上端的排出阀关闭，左下端的吸入阀开启，与此同时，右上端的排出阀开启，右下端的吸入阀关闭。因此，对于双作用泵，活塞左右往复运动的每一个冲程都有液体的吸入和排出，大大改善了往复泵排液量的均匀性。三作用式柱塞泵或三动泵由 3 个单作用柱塞泵组成，它们共用同一根曲轴，而且 3 个曲柄销互相错开 120°，吸入管路和排出管路与各泵缸并联。这样，在曲轴转动一周的周期内，各泵的吸液（或排液）依次相差 1/3 个周期，大大提高了排液管路中流量的均匀性。

活塞泵适宜于输送腐蚀性强的液体。为了不腐蚀柱塞和泵缸，采用耐腐蚀、耐损耗并富有弹性的橡皮或特制金属薄膜将柱塞与被输送液体隔开。隔膜左侧与被输送液体接触部分均用耐腐蚀材料制成或涂有耐腐蚀物质，隔膜右侧盛有水或油。泵的柱塞做往复运动时，迫使隔膜交替向两侧弯曲，并使被输送的液体吸入和排出。

### （二）旋转泵

旋转泵依靠泵体内转子的旋转作用而吸入和排出液体。这类泵虽然在旋转运动的形式上与叶片式相同，但在工作原理上却与往复泵有相似之处，都是靠间歇地改变工作室的大小，从而挤压液体使之升高压头，以达到输送的目的，故旋转泵也属于正位移泵。

旋转泵类型很多，各种类型在食品工业上都有广泛的应用。最常见的有以下几种。

1. 罗茨泵

罗茨泵又称叶形转子泵。泵的转动元件为一对呈叶形的转子，转子的叶瓣为2~4片。两个转子分别固定在主动轴和从动轴上，由主动轴带动转子旋转，两转子旋转方向相反。两个转子相互紧密结合，以及转子与泵壳的严密接触，将吸入室与排出室隔开。

2. 滑板泵

滑板泵的主要工作部件是一个带有若干径向槽的转子，偏心安在泵壳中。在转子的径向槽中装有可滑动的滑板，滑板靠转动的离心作用而伸出，压在泵内壳面上，并在其上滑动。滑板泵吸入侧和排出侧靠两个密封凸座隔开。

3. 齿轮泵

齿轮泵的结构和工作原理与罗茨泵非常相似。在泵的吸入口，因两齿轮的齿向两侧拨开，形成低压区，液体被吸入。当齿轮旋转时，被输送液体封闭在齿穴和泵壳之间，强行压向排出端。在排出口，两齿轮因互相咬合而形成了高压区，迫使液体压入排出管路。

4. 螺杆泵

螺杆泵由泵壳和一个以上的螺杆所构成。除单螺杆泵和双螺杆泵外，我国还生产三螺杆泵和五螺杆泵。单螺杆泵的螺杆在具有内螺纹的泵壳中偏心转动，将液体沿轴向推进，最后挤压至排出口而排出。

## 三、真空技术

真空技术是现代食品工程的重要基础技术。它的应用是多方面的，包括真空条件下的输送、过滤、脱气、蒸发、干燥、成型和包装等。食品工业中真空技术受欢迎的主要原因有二：首先，真空在一定场合与低温相联系。压力越低，水的沸点就越低。在真空状态下操作，食品水分汽化可在较低温度下进行，对保护食品热敏成分是很有利的。其次，真空系统中氧的含量可大大降低，可减轻甚至避免氧化作用对食品成分的破坏。

### （一）真空的基本概念

之前已讨论过，可以用真空度 $p_{cm}$ 来表示容器内真空的程度。而 $p_{vm} = p_a - p_b$，故也可直接以绝对压力 $p_{ab}$ 来描述真空。按 $p_{ab}$ 的大小通常将真空分成若干等级，食品工程中通常有下列 3 个真空等级：

（1）低真空。$p_{ab} = 10^{-2} \sim 1\text{kPa}$。

（2）中真空。$p_{ab} = 10^{-3} \sim 0.1\text{kPa}$。

（3）高真空。$p_{ab} = 10^{-6} \sim 10^{-3}\text{kPa}$。

除用绝对压力 $P_{ab}$ 外，还可用分子数密度、分子平均自由程和分子撞击率等物理概念来描述真空。

#### 1. 分子数密度

分子数密度 $n$ 是单位体积内的分子数。若质量为 $m$ 的气体占据的体积为 $V$，则分子数密度为

$$n = \frac{mN_A}{MV} \tag{2-46}$$

式中　$M$——气体的摩尔质量，kg/mol；

$N_A$——阿伏伽德罗常量，$N_A = 6.02 \times 10^{23}\ \text{mol}^{-1}$。

由理想气体状态方程，易得

$$n = \frac{p}{kT} \tag{2-47}$$

式中　$p$——气体压力，Pa；

$T$——气体热力学温度，K；

$k$——玻尔兹曼常量，$k = \frac{R}{N_A} = 1.38 \times 10^{-23}$，J/K。

#### 2. 平均自由程

平均自由程是气体分子两次相继碰撞的平均距离，气体分子的平均自由程 $\bar{\lambda}$ 为

$$\vec{\lambda} = \frac{1}{\sqrt{2}\pi n d^2} \tag{2-48}$$

式中　$d$——气体分子直径，m。

将式（2-47）代入式（2-48），得

$$\bar{\lambda} = \frac{1}{\sqrt{2}\pi d^2}\frac{kT}{p} = 3.11 \times 10^{-24}\frac{T}{d^2 p} \tag{2-49}$$

对于常温的空气，$T = 298\text{K}$，$d = 3.72 \times 10^{-10}\text{m}$，则 $\bar{\lambda} = \frac{6.70 \times 10^{-3}}{p}$，若 $p = 1.01 \times 10^5\text{Pa}$，则 $\bar{\lambda} = 6.63 \times 10^{-8}\text{m}$；若 $p = 10^{-4}\text{Pa}$，则 $\bar{\lambda} = 67\text{m}$，可见在这种高真空的程度，分子只存在与容器壁的碰撞了。

### 3. 分子撞击率

分子撞击率是单位时间内撞击在单位面积器壁上的分子数，分子撞击率 $\varphi$ 为

$$\varphi = \frac{1}{4}n u_{av} \tag{2-50}$$

式中　$u_{av}$——气体分子平均运动速度，m/s，$u_{az} = \sqrt{\frac{8RT}{\pi M}}$。

综上所述，随着气体绝对压力 $p_{as}$ 的降低，分子数密度 $n$ 降低，分子平均自由程 $\tilde{\lambda}$ 增大，而分子撞击率 $\varphi$ 下降，都表明真空度 $p_{sm}$ 增大。

## （二）真空系统的技术原理

真空系统是由真空室、真空泵、真空导管和阀门等主要部分组成的。真空室即被抽真空的容器，真空系统能使真空室获得一定的真空度并满足某种特定工艺要求。在真空系统中最重要的是真空泵的性能和真空导管的流通性质。

### 1. 真空导管中气体的流动形态

当系统压力从大气压被抽成高真空时，真空导管中的气体将依次经历黏性流、中间流和分子流等3种流动形态。黏性流就是流动时气体分子间频繁地相互碰撞交换动量；分子流就是分子平均自由程与导管尺寸相比很大，流动时几乎没有气体分子间的相互碰撞；中间流就是介于黏性流和分子流之间的过渡流动形态。真空导管中气体的流动形态与导管的直径 $D$ 和导管中气体的分子平均自由程

$\bar{\lambda}$ 有关。将 $\frac{D}{i}$ 这个量纲为 1 的量称为诺森数，可由诺森数 $\frac{D}{i}$ 的大小判定真空导管中气体的流动形态：当 $\frac{D}{\lambda} < \frac{1}{3}$ 时，导管中气体流动为分子流；当 $\frac{1}{3} \leqslant \lambda \leqslant 100$ 时，流动为中间流；当 $\frac{D}{i} > 100$ 时，流动为黏性流。

### 2. 真空导管中气体的流量

真空导管中经过某截面的气体流量，常有以下表示方法：

（1）体积流量 $q_V$，单位时间内通过导管截面的稀薄气体的体积，单位为 $m^3/s$。若气体的流速为 $u$，导管横截面积为 $A$，则有

$$q_V = AuC \tag{2-51}$$

（2）分子流量 $N$，单位时间内通过导管截面的气体分子数，显然

$$N = q_v n \tag{2-52}$$

### 3. 真空导管的流导

理论和实践证明，真空导管的分子流量 $N$ 与导管两端截面处的分子数密度差成正比，即

$$N = C(n_1 - n_2) \tag{2-53}$$

式（2-53）中，比例系数 $C$ 称为导管的流导，其单位与体积流量的单位相同，为 $m^3/s$。导管的流导是真空技术的重要参量，流导的大小表示导管对低压气体的通导能力。流导 C 的倒数称为流阻。这里的关系类似于电学中的欧姆定律，这里的流导相当于电导，流阻相当于电阻。

由于 $n = \frac{p}{kT}$，式（2-53）中过程的推动力可由分子数密度差改为压力差

$$N = \frac{C}{kT}(p_1 - p_2) \tag{2-54}$$

导管的流导与导管的尺寸和气体的性质有关。对于圆长管$\left(\text{长径比}\frac{L}{D} \geqslant 20\right)$气体是黏性流体时，由式（2-54）和式（2-52）可得

$$N = q_V n = \frac{q_V p}{kT} \tag{2-55}$$

将式（2-54）与式（2-55）结合，得 $NkT = q_V p = Aup = \frac{\pi}{4}D^2 u\bar{p} = C(p_1 - p_2) = C\Delta p$

式中，$\bar{p}$——导管中气体的平均压力，$\bar{p} = \frac{(p_1 + p_2)}{2}$。

由于 $\Delta p = \frac{32\mu Lu}{D^2}$，代入前式，有 $\frac{\pi}{4}D^2 u\bar{p} = C \cdot \frac{32\mu Lu}{D^2}$，可得

$$C = \frac{\pi D^4}{128uL} \cdot \bar{p} \tag{2-56}$$

由式（2-56）可见，圆长管的流导与管的直径关系很大。

4. **真空技术的基本方程**

真空系统中的真空泵是用来排除系统中的气体、维持系统真空度的关键设备。真空泵排除气体的速率称为泵的抽气速率，简称抽速。它表示单位时间内从系统中排出相当于泵进口压力下的气体的体积，以符号 $S_p$ 表示，其单位为 $m^3/s$。在以导管连接的真空泵和容器构成的真空系统中容器压力 $p$ 和泵进口压力 $p_p$ 分别为导管进出口的压力，容器抽速 $S$ 和泵的抽速 $S_p$ 分别为导管进出口气体的体积流量，则在稳定情况下有

$$NkT = S \cdot p = S_p \cdot p_v = C(p - p_p) \tag{2-57}$$

$$S = S_p \frac{C}{S_p + C} \tag{2-58}$$

式（2-57）为真空技术的基本方程。它表明真空系统中容器有效抽速、泵的抽速和导管流导间的关系。若已知泵的抽速及导管的流导，则真空室的有效抽速即可求得。在一般情况下，容器有效抽速永远小于泵的抽速，只有在导管的流导非常大的情况下，才有 $S \approx S_p$。为了获得容器较大的抽速，应尽量地增大导管流导，降低容器和真空泵间的流阻。

# 第三章　食品成分提取与分离技术

## 第一节　超声波辅助提取技术

超声波是指频率高于20000Hz、人耳听觉以外的声波，它是由物质振动而产生的，并且只能在介质中传播。同时，它也广泛地存在于自然界中，许多动物都能发射和接收超声波，以蝙蝠最为突出。但超声波还有它的特殊性质，如具有较高的频率与较短的波长，所以，它也与波长很短的光波有相似之处。自从蝙蝠在夜间疾速飞行靠超声波导航的奥秘被揭示后，人类开始科学地开展超声技术的研究。

所谓超声波辅助萃取（ultrasound-assisted extraction，UAE），亦称为超声波萃取（ultrasonic wave extraction）、超声波提取（ultrasound-assisted leaching），是利用超声波产生强烈的空化效应、机械振动、热效应、高的加速度、乳化、扩散、击碎和搅拌作用等多级效应，增大物质分子运动频率和速度，增加溶剂穿透力，从而加速目标成分进入溶剂，促进提取的进行。

### 一、超声波辅助提取原理

超声波辅助提取之所以能提高有效成分的提取率，主要是利用了其所具有的空化效应、机械效应、热效应等作用。

#### （一）空化效应

通常情况下，介质内部都会溶解一定量的微气泡，它们包围在被破碎物的胶质外膜周围。这些微气泡在超声波的作用下产生振动、膨胀，然后突然闭合，气泡闭合瞬间在其周围产生高达几千个大气压的瞬间压力，形成微激波，造成被破碎物细胞壁及整个生物体破裂，同时超声波产生的振动作用加强了胞内物质的释放、扩散及溶解，这就是超声波的空化效应。当液体发出嘶嘶的空化噪声时，表明空化开始。空化现象包括气泡的形成、成长和崩溃过程，是超声化学的主要动力。空化作用促使粒子的运动速度加快，破坏粒子力的形成，使许多物理和化学过程急剧加速，对分散、萃取等过程有很大的促进作用。对植物样品提取而言，空化效应有利于加速待测物中有效成分进入溶剂，缩短体系到达平衡的时间。

### （二）机械效应

超声波在介质中的传播可以使介质质点在其传播空间内产生振动，从而强化介质的扩散、传质，这就是超声波的机械效应。超声波的机械作用主要由辐射压强和超声压强引起。辐射压强沿声波方向传播，对物料有很强的破坏作用，可使样品组织表面变形；超声压强是给予溶剂和样品固体以不同的加速度，使溶剂分子运动的速度远大于样品固体的速度，在它们之间产生摩擦，这种能量相当大，甚至能打开 2 个碳原子之间的化学键，导致大分子物质分解或解聚。

### （三）热效应

和其他物理波一样，超声波在介质中的传播过程也是一个能量的传播和扩散过程，即超声波在介质的传播过程中，其声能可以不断被介质的质点吸收并大部分或全部转化为热能。当振动频率固定时，超声波产生的热量在单位时间内恒定，可导致体系温度升高。实验证明：用 10W 超声功率处理 50mL 的水，在绝热状态下，理论上 2min 可使水温升高 5.7℃。所以超声波作用到样品提取系统中时，可以使体系介质内部温度迅速升高，加快固体样品中化合物质的扩散速度，改变目标物质在固–液两相中的分配常数。在实际样品提取时，欲维持体系恒定，必须将超声波本身所产生的热量有效地释放至体系外。

除空化效应、机械效应、热效应外，超声波还具有乳化、扩散、击碎等多级效应，这些效应有利于使细胞中的目标分子转移，并充分地和溶剂混合，促进提取的进行。另外，超声波的凝聚作用也不容忽视，即超声波可使悬浮于气体或液体中的微粒聚集成较大的颗粒而沉淀。

## 二、超声波辅助提取工艺

原料经过前处理后，用粉碎机粉碎到一定的细度，置于萃取容器并加入萃取溶剂，然后在萃取器中用超声波处理，瞬间破碎生物体及细胞壁，将有效成分萃取出来，最后经过分离、浓缩、干燥后得到所需的目的产品。

## 三、超声波提取设备

超声波提取设备主要由提取罐、超声装置、加料口、冷凝器、冷却器、出料口、控制系统等组成。超声装置由超声波电源（即超声功率发生器，是为超声换能器提供能源的部分）、超声换能器系统（是将超声波电源提供的能源变成超声波，进行提取或实现别的功能的部分）和提取容器（是用于放置提取液和提取物的部分）三大部分组成。换能器系统是由压电晶片组成的，是以小型实验和大中型工业生产应用的实际情况组成各种不同的结构形式。以换能器放置位置大致可归纳为外置式、内置式、多频组合式；以频率组合形式分为单频和多频组合式；若按物料与超声波的接触状态，分为静止式（主要为清洗槽式与探头式）和循环式（物料循环流动经过固定的超声场，进行连续动态提取）。以下按换能器的放置位置来讲述常见超声波提取设备。

### （一）外置式超声提取设备

外置式超声提取设备是将超声换能器安装在被提取物料容器的外侧上，使其所产生的超声通过容器外壁辐射到容器中的被提取物料上，以达到对物质提取的结果。同时，可在容器的内部安装机械搅拌装置，以增加超声提取的效果。按换能器黏附方式不同，外置式超声提取设备可分为槽式、罐式、管式和多面体式。

#### 1. 槽式超声提取器

槽式超声提取器是将超声换能器黏附在槽的底部或槽的两侧、上部敞开的一种简单的超声提取设备。这种设备可小型化，使用方便简单，便于操作，应用广泛，只能用于小样品和小型中试实验，主要用于小样品的检测提取。

#### 2. 罐式超声提取器

罐式超声提取器是将提取容器制作成罐式形状，将一定功率的超声换能器安装在罐的外壁上，使其所产生的超声通过罐的外壁辐射到容器内溶液中的被提取物料上，以便从物料中提取化学成分的设备。该种提取器处理量大，又可配备机械搅拌装置，适于工业化大生产的提取。

#### 3. 管式超声提取器

管式超声提取器是将提取容器制作成管道形状，将超声换能器安装在管道的外壁上，使其所产生的超声通过管道的外壁辐射到管道内被提取物料上，通过螺旋搅拌推料器将物料翻滚着向前推进，使物料均匀地受到超声的多次作用，以达到对物料提取效果的设备。超声换能器的分布有各种形式，可在管道的外壁上一边分段或在一段多边安装若干超声压电换能器，故把这种由压电换能器组成的流动式的管道形状的超声提取器也称为外置式超声管状提取器。这种超声波提取设备可实现连续动态生产，同时还可多台串联以增加物料在动态状态下受超声一定时间的作用，以满足工业产业化生产。

#### 4. 多面体超声提取器

多面体超声提取器实际是槽式超声提取器的一种特殊形式，是将多个换能器直接贴在由不锈钢板组成的多面形状槽体的各个面外壁上，使其所产生的超声通过槽体的外壁辐射到槽内溶液中的被提取物料上。其形状可做成四面、五面、六面等形式的槽体，然后将换能器密封起来。从外形看像个提取罐，从内部看槽体是个多面体，故把这种由压电换能器组成的多面形状的从侧面辐射的超声提取器称为多面体超声提取器。

### （二）内置式超声提取器

内置式超声提取设备是将压电换能器安装在放置被提取物料容器的内侧，即将换能器系统浸没在溶剂之中，使其所产生的超声直接辐射到容器内溶液中的物料上，以达到对物料提取的效果，通常也叫作浸没式超声提取器。根据形状的不同，具体又包括板状浸没式、棒状浸没式、多面体浸没式和探头浸没式等。

#### 1. 板状浸没式超声提取器

板状浸没式超声提取器是将发射超声波的数个换能器直接贴在板状或条状的不锈钢板上，然后密封起来。使用时，将密封有数个换能器的箱体直接放在装有被提取物和溶剂的大槽内，随意移动使超声均匀辐射，促进被提取物中的有效成分在超声作用下进入溶剂中，也可将条形箱体砌在罐内壁上，使其超声向罐内中心提取物上辐射，以达到提取的目的。这种超声提取器的振动系统是用若干个喇叭形夹心换能器并排排列在一个箱体内或单排条形箱体内密封，使其共振于同一频率之上，而形成单面辐射体，也可将条状换能器组成的箱体砌在罐内壁上形成提取罐，用于批量生产。

2. 棒状浸没式超声提取器

棒状浸没式超声提取器其中一种是在压电换能器的前盖板一端安装一长圆棒状或其他形状的变幅杆，使换能器发射的超声波沿棒状变幅杆聚能器径向辐射，还可将环筒状换能器封闭在一根棒状管内，使环筒状换能器发射的超声波沿管壁径向360°向外均匀辐射，从上到下依次为变幅杆聚能式、变幅杆径向辐射式、多个薄管状组合式、环筒状换能式。在使用时，将发射超声波的一端棒直接浸入到有提取物的溶剂之中，使被提取物直接受超声作用，促使被提取物中的成分快速地溶于溶剂之中的一种浸没式超声提取器。

对于前两种形状的变幅杆式换能系统提取来说，发射的功率较小，可用于实验室小量物料提取，对于后两种形状的环筒状换能器提取来说，可用于圆筒形提取罐中的小批量物料提取，而这种换能器结构还可用于管道除污上。

3. 多面体浸没式超声提取器

将发射超声波的数个换能器直接贴在多面形状不锈钢板内侧上，可做成两面、四面、五面、六面，然后密封起来，也可将数个多面体连接起来，组成大功率浸没式超声提取器，使超声波从多个面向外发射，以达到物料被作用的结果。使用时，将密封多面箱体直接放在装有被提取物和溶剂的罐体中心内，使超声均匀辐照，促使被提取物中的有效成分在超声作用下，快速进入到溶剂之中。

4. 探头浸没式超声提取器

探头浸没式超声提取器是将换能器发射超声波变幅杆的一端（探头即变幅杆发射端）直接浸入到有提取物的溶剂之中，使被提取物直接受超声作用，促使被提取物中的成分快速地溶于溶剂之中的一种超声提取器。

此种超声设备变幅杆端面发射头小、强度大，因此多用于破碎物质细胞和小样品的提取，多用于实验室。使用一段时间后探头表面会受空化腐蚀，不但影响所提成分的产率，空化腐蚀物还会掉入溶剂之中，污染提取物溶液。

### （三）多频组合式超声提取器

多频组合式超声提取器是一种利用超声波技术进行物质提取的设备。

多频组合式超声提取器主要利用超声波的物理手段，通过不同频率和功率的超声波对物质进行分子清洗、裂解重组等对比实验，以达到提取或合成新物质的目的。这种设备通常由大功率超声波发生系统、加热系统、压缩机制冷系统、测温控温系统、回流冷凝系统、搅拌内循环系统等组成，这些系统共同作用，使得超声波提取过程更加高效和精确。

多频组合式超声提取器的应用非常广泛，不仅可以用于探索不同频率和功率的超声波对不同物质的清洗、裂解和重组等对比实验，还可以用于使用各种溶剂从植物药材中提取各种天然产物。这种设备通过压电换能器产生的快速机械振动波，减少目标萃取物与样品基体之间的作用力，从而实现固-液萃取分离。在工业应用方面，超声波提取器还用于清洗、干燥、杀菌、雾化及无损检测等，是一种非常成熟且有广泛应用的技术。

## 四、超声波辅助提取技术的应用

超声波辅助提取可有效地提高萃取效率、缩短萃取时间、节约成本，甚至还可以提高产品的质量和产量。因此，超声波辅助提取可应用于食品中各类有效成分的提取，如食品营养成分（蛋白质、油脂、多糖、纤维素、果胶）提取、食品感官成分（色素：叶绿素、火棘果红色素、辣椒红色素、花生红衣原花色素、玉米芯色素、玉米黄色素、枣红色素、荔枝皮色素、甘草色素、蓝莓色素、紫薯色素、野菊花黄色素、姜黄色素；精油：薰衣草精油、葫芦巴精油、生姜精油、丁香花精油、苦杏仁精油、柑橘精油、佛手精油、野菊花精油、沙姜精油）提取、食品原料中活性成分（多酚、黄酮类、蒽醌类、萜类）的提取。此外，还用于食品分析检测（如农药、残留、食品添加剂、重金属）中样品的提取。以如下几种物质的提取为例，简要介绍超声辅助提取在食品中的应用。

## (一) 超声波强化提取核桃仁油

核桃仁油富含多种不饱和脂肪酸，对降低人体血清蛋白中的胆固醇、防止动脉粥样硬化和血栓的形成具有积极的作用，广泛应用于食品、医药等领域。核桃仁油的提取可采用压榨法或溶剂萃取法。传统的压榨法具有油品质量好、色泽浅、风味纯正等优点，但压榨后饼渣中的残油量高、出油率比较低，且能耗较大；溶剂浸出法提油率高，易实现大规模生产，被现代大多数油脂生产企业所采用，但是溶剂法存在提取时间长、溶剂耗量大、污染环境等问题。结合超声波辅助提取，则能改善传统溶剂提取法的不足，即缩短提取时间，降低溶剂耗量，提高出油率，产品品质好，色泽清亮，油味醇香纯正。

超声波强化提取桃仁油的工艺流程：原料→分选→粉碎→干燥→超声提取→分离→纯化。

操作要点为：选用新鲜无虫蛀的核桃仁，经除杂、粉碎、干燥。以正己烷为提取核桃仁油的溶剂，超声波辅助溶剂提取条件为：提取温度60℃、料液比1∶4.5、超声波功率300W、频率25kHz、时间2.5h。

## (二) 超声辅助提取柑橘皮中橙皮苷

橙皮苷是柑橘皮中最丰富的类黄酮成分，具有保护血管系统、消炎止痛、抑制癌细胞、抑菌等作用，在药剂行业和食品工业上具有极大的应用潜力。柑橘加工的下脚料或鲜食橘皮中富含橙皮苷，大多被直接丢弃，造成资源浪费及环境污染。近年来，超声辅助提取技术广泛地应用于提取各种植物活性成分的研究，已被证明是一种快速、高效、环保的提取方法。超声辅助提取甜橙皮中橙皮苷的工艺流程如下：原料→干燥→粉碎→超声提取。

## (三) 超声辅助碱提取花生多糖

花生是豆科植物落花生的成熟种子，具有补虚、益寿、抗衰老、美容之功效，因而被誉为“长生果”。它是全世界公认的健康食品，在我国被认为是“十大长寿食品”之一。我国花生资源丰富，榨油后的花生饼粕多用作鱼和家畜饲料。已有研究证实花生中含有一定量的花生多糖。大量药理及临床研究证实，多糖具有调节免疫、抗癌、减肥、控制血糖、降胆固醇、降血脂等多种生理功能。超声辅助碱提取花生多糖的工艺流程如下：花生粕→粉碎→样品脱脂过筛→加NaOH碱液混合→超声波处理→离心→取上清液、中和、醇沉→离心→取沉淀→干燥。

操作要点：取榨油后的花生粕粉碎后过20目筛，石油醚回流，95%乙醇回流除去脂肪，晾干备用。超声波碱提的优化工艺条件为：温度73℃、功率70W、碱浓度2.12mol/L、提取时间18.65min。与热水碱液提取法相比，88℃热水碱液提取144h，提取率为9.78%，而超声波辅助碱液提取在70℃下提取20h，提取率可达到13.78%。

碱提有助于解除细胞壁聚合物分子间的物理和化学作用，使不溶性纤维素、木质素、半纤维素与果胶多糖之间的键断裂，从而提高多糖产率，过高的碱浓度会由于发生脱酯和消去反应而引起多糖结构的破坏，因此采用稀碱溶液辅以超声波提取可避免对多糖结构的破坏，且提高多糖得率。

### （四）超声波辅助提取茶叶中拟除虫菊酯农药残留

拟除虫菊酯（pyrethroids）类农药是一类广谱杀虫剂，茶叶中拟除虫菊酯类农药残留量的高效、准确检测方法，对于保障茶叶质量安全具有重要的意义。目前，茶叶样品拟除虫菊酯类农药残留量的预处理技术主要有浸渍过夜、微量化学法、匀浆法、振荡器振荡、水浴摇床振荡。这些方法一般难以高效提取茶叶中的农药残留，在实际应用中受到一定限制。超声波萃取技术借助超声波对媒质产生独特的机械振动作用和空化作用，可以加速待测物在提取液中的溶解，提高萃取效率，目前已广泛应用于农药残留的研究。

超声波辅助提取茶叶中拟除虫菊酯农药残留流程如下：茶叶→磨碎→加溶剂、超声提取→离心→纯化定容上液相。

具体操作为：将茶叶样品磨碎，过20目筛备用，称取1.0g于10mL具塞离心试管中，加入10mL正己烷-丙酮混合提取液（30/70，体积分数），置于超声波清洗器（温度60℃，工作频率40kHz）中超声60min。以2400r/min转速离心3.0min，移取3.0mL上层清液，氮气吹干；所得残留物用1.0mL石油醚溶解备用。用10mL丙酮-石油醚（80/20，体积分数）洗脱液预淋洗柱（5mL，1000mg

弗罗里硅土，60mg 活性炭）。将样品提取液注入萃取柱，用 5mL 丙酮-石油醚（80/20，体积分数）混合液洗脱，氮气吹干用，甲醇定容至 0.5mL，用0.45μm滤膜过滤，待测。液相色谱操作条件：色谱柱采用 Kromasil ODS（5.0μm，250mm×4.6mm），流动相为甲醇-水（78.5/21.5，体积分数），流速1.0mL/min，柱温 25℃，检测波长 2201nm，进样量 20μL。

## 第二节　超临界萃取技术

### 一、超临界萃取原理

物质有三种状态：气态、液态和固态。当物质所处的温度、压力发生变化时，这三种状态就会相互转化。但是，事实上除了上述三种常见的状态外，物质还有另外一些状态，如等离子状态、超临界状态。当稳定的纯物质达到超临界状态时，都有固定的临界点：临界温度（$t_e$）、临界压力（$p_e$）。当物质的温度和压力处于它的临界温度和临界压力以上的状态时，成为既非气体也非液体的流体，称为超临界流体。

超临界流体具有与常规气体及液体所不同的性质。超临界流体的密度比气体的密度要大数百倍，具体数值与液体相当；其黏度仍接近气体，但与液体相比要小两个数量级；扩散系数介于气体和液体之间，大约是气体的 1/100，比液体的要大数百倍。因而超临界流体兼有气液两重性的特点，它既有与气体相当的高渗透能力和低的黏度，又兼有与液体对许多物质优良的溶解能力。因此，与液体萃取相比，超临界流体萃取可以更快地完成传质，达到平衡，促进高效分离过程的实现。

超临界流体的传递性质导致物质在其中的溶解度远远大于常态下的数值，常常可以达到几个数量级，而在某些条件下甚至可达到按蒸气压计算的 $10^{10}$倍。超临界流体的溶解能力与密度有很大关系，物质在超临界流体中的溶解度 $c$ 与超临界流体密度 $\rho$ 之间的关系可表示为：

$$\ln c = m\ln\rho + K$$

式中　$c$ ——物质在超临界流体中的溶解度；

$\rho$ ——超临界液体密度；

$m$ ——系数，为正值；

$K$ ——常数，与萃取剂、溶质的化学性质有关。

由此公式可见，溶质在溶剂中的溶解度与SCF的密度呈正相关，而在临界区附近，操作压力和温度的微小变化会引起流体密度的大幅度变化。

超临界流体的密度随着操作压力的增加而增加，随着温度的升高而降低。因此，通过改变压力和温度，改变超临界流体的密度，便能改变物质的溶解度，溶解许多不同类型的物质，达到选择性地提取各种类型化合物的目的。

对于超临界萃取而言，超临界萃取溶剂的选择非常关键，它应满足下列条件：化学反应稳定，对设备无腐蚀；临界温度不太高也不太低；临界压力低，以节省动力；纯度高，溶解性好，以减少溶剂循环量；价廉，易得；无毒。

## 二、超临界萃取工艺

由于被萃取物质的固有性质（热敏性、挥发性等）及其在流体中的溶解度受温度、压力变化而改变的敏感程度均有很大的差别，因此在实际萃取过程中需要针对这些差异采用不同的萃取工艺。超临界流体萃取的基本过程分成萃取阶段和分离阶段，前者由萃取釜和加压装置组成，后者由分离釜和减压装置组成，而超临界流体萃取的目的是使溶质在萃取段和分离段呈现较大的溶解度差，以达到萃取分离的经济合理性。为此，可对超临界流体萃取流程作如下的分类：按分离方式的不同可分为等温法、等压法、吸附法、多级分离法；按萃取过程的特殊性可分为常规萃取、夹带剂萃取、喷射萃取等。常规萃取即等温法流程；夹带剂萃取即根据需要在萃取剂中添加不同极性的夹带剂；喷射萃取则主要应用于黏稠的物料，通过喷射的方式加大物料与超临界流体的接触面积，以促进传质进程。以下主要按分离方式进行阐述。

### （一）等温法流程

被萃取物质在萃取器中被萃取，经过膨胀阀后，由于压力下降，被萃取物质在超临界流体中的溶解度降低，因而在分离器中析出。被萃取物从分离器下部取出，萃取剂由压缩机压缩并返回萃取器循环使用。由于 $CO_2$ 流体在降压过程中节流膨胀使温度降低，因此在分离段需加温以使其温度与萃取段保持大致相同。该流程是在萃取段和分离段 $CO_2$ 的温度基本相同的情况下，利用其压力降低而造成对溶质的溶解度下降而在分离段沉淀出来，故称该流程为等温法。

例如以 $CO_2$ 萃取萘为例，若萃取器的操作条件为 $3\times10^7$Pa、55℃，分离器的条件为 $9\times10^6$Pa、55℃，则萘在 $CO_2$ 中的溶解度由5%降至0.2%。变压的另一种情况是萃取器的操作条件控制在临界点附近，而分离器的操作条件则在临界点以下，这时萃取剂变成气体，因此被萃取物质也就在分离器中析出。该流程是最为普遍的超临界 $CO_2$ 流体萃取流程，适应于从固体物质中萃取油溶性组分、热不稳定成分。

### （二）等压法流程

溶质在萃取段被 $CO_2$ 流体萃取后，通过分离段改变 $CO_2$ 的温度，溶质在 $CO_2$ 流体中的溶解度降低而分离出来。在萃取段和分离段的压力基本相同，利用温度改变造成的溶解度下降而实现物质的分离，故称该流程为等压法。有时由于操作压力的不同，可能是在升温时萃取，而在降温时把溶剂与被萃物质分离，分离后的流体经压缩和调温后循环使用。温度的改变过程采用换热器，$CO_2$ 流体通过高压泵循环使用。该流程具有设备简单、造价低廉、操作简便、运行费用较低等优点，适应于那些在 $CO_2$ 中的溶解度对温度变化较为敏感且不易热分解的物质。但一般条件下，温度变化对 $CO_2$ 流体的溶解度影响远小于压力变化的影响。因此，通过改变温度的等压法分离工艺虽然可以节省压缩能耗，但是实际分离性能受到很多限制，实际应用价值较小。所以通常的超临界流体 $CO_2$ 萃取过程大多不采取等压法。

### （三）吸附法流程

吸附法是将萃取釜和分离釜处于大致同等的温度和压力下，利用分离釜中填充特定的吸附剂将分离目标组分选择性地除去，然后定期用再生吸附剂即可达到分离目的。吸附剂可以是液体（如水、有机溶剂等），也可以是固体（如活性炭）。吸附法从理论上不需要压缩能耗和热交换能耗，这应该是最节能的过程。

但是该法只适合于可选择性吸附方法分离目标组分的体系，绝大多数天然物质的分离过程很难通过吸附来收集产品，所以吸附法只能用于少量杂质的脱除过程，而且必须选择廉价的、易于再生的吸附剂。

实际的工业化过程采用的是$CO_2$流体液态加压循环工艺，萃取釜和分离釜的压力比不大于6倍，在过程温度变化中最高温度和最低温度的比不超过1.4倍。

### (四) 多级降压分离流程

在超临界流体萃取过程中，被萃取出来的物质绝大部分是混合成分，有时需要对其进一步分离精制以富集其中的一些成分。例如，从生姜中萃取出来的混合成分中将姜辣素和精油分离，从植物种子中萃取出来的油脂与同时萃取出来的水、腥臭成分和游离脂肪酸分离，从辣椒中萃取出来的混合成分中将辣椒红色素和辣椒碱分离。上述这些情况均可利用多级降压分离工艺一次性达到目的，而不需要在萃取完成后另外对萃取出来的混合物再次进行分离。

该流程是对等温法流程分离段的改进。等温法是在分离段将具有很大溶解度的高压流体（其中溶解了各种被萃取物质）的压力在一个分离釜（或称解析釜）中一步降到几乎没有溶解能力的、很低的压力（一般为4~6MPa），使溶解于高压$CO_2$流体中具有不同溶解度的组分在分离段全部析出在分离釜中。多级降压分离则是将上述具有很大溶解度的溶解了各种被萃取物质的高压流体在流经串联着的几个分离釜中逐步降压分离，逐步地降低$CO_2$流体的溶解度，使在萃取段中处于溶解状态的各种组分在逐步降压过程中依次在不同的分离釜中分离出来。

在萃取段，溶解度越大的成分越优先溶解于$CO_2$流体中而被萃取，而在分离段，溶解度越大的组分越往后从$CO_2$流体中分离。多级降压分离过程正是利用这一特性来对各组分进行分离。采用多少级降压分离，应根据产品分离的要求和各组分间溶解度的差别大小来确定。在分离过程中，为改善分离效果，常常需改变除最后一级分离釜（因其中的各种组分不需分离只是需要全部析出）外的其他分离釜的形状，以使得各点的溶解度分布变得较有规律，从而达到分离的目的。

## 三、超临界萃取设备

超临界萃取过程针对不同的原料和不同的分离目标，有着不同的技术路线和工艺过程，生产性的超临界萃取装置一般都要单独设计制造。超临界萃取装置从功能上大体可分为 8 个部分，即萃取剂供应系统、低温系统、高压系统、萃取系统、分离系统、改性剂供应系统、循环系统和计算机控制系统。具体包括二氧化碳注入泵、萃取器、分离器、压缩机、二氧化碳储罐、冷水机等设备。由于萃取过程在高压下进行，所以对设备以及整个管路系统的耐压性能要求较高，生产过程实现微机自动监控，可以大大提高系统的安全可靠性，并降低运行成本。

### （一）固体物料的超临界萃取设备

在超临界萃取研究中面临的大部分萃取对象是固体物料，其超临界萃取设备可分为间歇式萃取、半连续式萃取及连续式萃取。

#### 1. 间歇式萃取系统

普通的间歇式萃取系统是固体物料最常用的萃取系统。这种系统结构简单，一般由一只萃取釜、一或两只分离釜构成，有时还有一支精馏柱。

#### 2. 半连续式萃取系统

半连续式萃取系统指的是采用多个萃取釜串联的萃取流程。目前，在萃取条件下向高压釜输入和送出固体原料，完成连续萃取是非常困难的。相反，若将萃取体积方便地分解到几个高压釜中，从而进行批处理就变得类似于逆流萃取。4 个萃取釜依次相连，当萃取釜 1 萃取完后，通过阀的开关脱离循环，其压力被释放，重新装料，再次进入循环，这样则又成为系列中最后一只萃取釜被气体穿过。在该程序中，各阀必须同时操作，这可以依靠气动简单地完成操作控制。

#### 3. 连续式萃取系统

在采用超临界流体萃取固体物料时，使用连续进料的操作很少，不过就方便程度而言，还是希望有固体连续进料装置。在设计高压萃取系统的固体连续进料装置时，应考虑如下两方面因素，即设备的性能价值比以及固体受压后性质的变化。

### （二）液体物料的超临界流体萃取设备

超临界流体萃取技术多用于固体物料萃取，但实践证明在液-液萃取分离中更具有优势，液体物料可呈现连续操作，从而提高效率，降低成本。

液体物料超临界 $CO_2$流体萃取系统从构成上讲与固体物料超临界 $CO_2$流体萃取系统大致相同，但对于连续进料而言，在溶剂和溶质的流向、操作参数、内部结构等方面有不同之处。按照溶剂和溶质的流向不同，液体物料的超临界 $CO_2$流体萃取流程可分为逆流萃取、顺流萃取和混流萃取。一般情况下，溶剂都是从柱式萃取釜的底部进料。因此，逆流萃取是指液体物料从萃取釜的顶部进入；顺流萃取是指从底部进入；混流萃取是指从中部进入。

由于温度对溶质在超临界 $CO_2$流体中的溶解度有较大影响，在这种情况下，可在柱式萃取釜的轴向设置温度梯度。所以按照操作参数的不同可分为等温柱和非等温柱操作。不过，为了实现精确分离，许多情况下萃取釜的后面装设精馏柱，精馏柱也设有轴向温度梯度，不过精馏柱相对后面的分离器就是一只柱式萃取釜。

为了使液体物料与溶剂充分接触，一般需在柱式萃取釜中装入填料，这时称之为填料柱。有时不装填料，而使用塔板（盘），则构成塔板（盘）柱。在目前已有的液体物料的超临界 $CO_2$流体萃取流程中，大部分使用的是填料柱。在填料柱中填料的种类是影响分离效果的重要因素。

## 四、超临界萃取技术的应用

针对食品工业，超临界萃取技术主要应用于：食用天然色素（如辣椒红、叶黄素、胡萝卜素、番茄红素、栀子黄、玉米黄、枸杞红色素等）的提取；天然香料（如芹菜籽油、姜油、圆柚精油、香茅油、茴香油、栀子花头香、珊瑚姜精油、桂花精油、当归油、柑橘叶精油、姜黄油树脂、石香薷挥发油等）的提取；油脂（如小麦胚芽油、米糠油、玉米胚芽油、大豆油、沙棘油、核桃油、猕猴桃籽油、葡萄籽油、榛子油、南瓜子油）的提取；天然活性成分（如多不饱和脂肪酸 EPA 和 DHA、维生素 E、磷脂、银杏黄酮、大豆异黄酮、生物碱、茶多酚）的分离提取；农产品中的有害物质（如牛脂或牛肉、鱿鱼内脏油中的胆固醇，食品中的重金属、有机农药等）的去除。此外，超临界萃取技术还可用于啤酒花的提取、软饮料的制造、发酵酒精的浓缩、食品分析检测等。以下以几种物质的提取为例，简要介绍超临界萃取在食品中的应用。

### （一）超临界 $CO_2$ 萃取啤酒花

啤酒花学名为蛇麻（Humulus Lupulus L.），又称忽布、蛇麻花、酵母花、草花等，是雌性啤酒花成熟时在叶和枝之间生成的籽粒，远古以来就用来酿造啤酒。啤酒花中对酿酒有特殊意义的有三类物质：酒花树脂、酒花油和多酚物质。酒花树脂分为软树脂和硬树脂，软树脂中的草酮及蛇麻酮，也称为α-酸和β-酸。α-酸在加热、稀碱或光照条件下易发生异构化反应生成异-α-酸，异-α-酸具有强烈的苦味，溶解度比α-酸大得多。啤酒中的苦味和防腐力主要来自异-α-酸，这也正是为何将酒花添加在煮沸的麦汁中的原因。一般来说，干燥酒花中β-酸的含量比α-酸含量低，苦味、防腐力及在水中的溶解度也均不及α-酸大。除了软树脂外，还有硬树脂，它不溶于非极性溶剂之中，虽其重要性尚未完全搞清楚，但它也能够提供香味。啤酒花在储藏过程中，软树脂会逐渐转化成硬树脂。挥发性油赋予啤酒特有的香气。多酚物质的作用主要是澄清麦汁，但在啤酒后发酵和储酒直至装瓶以后，会缓慢地和蛋白质结合，从而减低啤酒的泡持性，增加啤酒的色泽和苦涩味等。

过去在啤酒酿造时直接用啤酒花，存在于啤酒花中的α-酸只能利用25%。现今越来越多地使用啤酒花的萃取物。在传统的萃取过程中常采用二氯甲烷或甲酸等有机溶剂作萃取剂，最后用蒸发的方法将其除去，这样可使α-酸的利用率提高到60%~80%，此时得到暗绿色浆状萃取物，其中有价值的物质为软树脂，由α-酸和β-酸构成，黑绿色不纯物多，而且有残留溶剂存在，还需进一步精制。采用超临界流体萃取技术，萃取率很高，软树脂和酸分别达到96.5%和98.9%，萃取物为黄绿色的带芳香味的膏状物，所得的酒花浸膏安全、品质高、富含风味物质。

国外采用超临界 $CO_2$ 流体萃取啤酒花浸膏的工艺流程为：啤酒花→粉碎→超临界 $CO_2$ 流体萃取→分离→啤酒花浸膏。

具体操作是：首先把啤酒花磨成粉状，使之更易与 $CO_2$ 接触。然后装入萃取釜，密封后通入超临界 $CO_2$ 流体。达到萃取要求后，经节流降压，萃取物随 $CO_2$ 流体萃取一起被送至分离釜，得到黄绿色产物。在该生产设备中有 4 个萃取釜，在每个萃取周期中总有一个是轮空的。生产时，超临界 $CO_2$ 流体依次穿过每个釜中的啤酒花碎片，然后含萃取物的 $CO_2$（混合物）节流降压，进入预热器预热，再进入下一个热交换器，在该热交换器中混合物中的 $CO_2$ 受热蒸发，萃取物（啤酒花浸膏）析出，并自动排出。蒸发的 $CO_2$ 经再压缩进入冷却器预冷，之后进入热交换器与上述混合物进行间壁式热交换，管内为再压缩的 $CO_2$，管外为含萃取物的 $CO_2$ 混合物。冷凝后的 $CO_2$ 流入 $CO_2$ 储罐，经深层冷器冷却再返回到萃取釜。从传送罐来的 $CO_2$ 可被送往任何一个萃取釜。另外，有 2 个气罐用于暂存整个装置系统的纯 $CO_2$ 和不纯 $CO_2$。

我国学者对新疆、甘肃产的啤酒花也做了大量的超临界 $CO_2$ 流体萃取实验工作，取得大量实验数据和批量样品，经部分啤酒工厂试用，证明采用超临界 $CO_2$ 流体萃取得到的浸膏来生产啤酒，啤酒的主要组分的含量、色泽、味道都与用全酒花生产的啤酒相似。研究结果表明，在 20~25MPa、40℃萃取、4h 的条件下浸膏得率可达 14%，α-酸的含量为 36%，α-酸的得率为 95%。

### （二）超临界 $CO_2$ 流体脱除咖啡因

从咖啡豆中脱出咖啡因是超临界萃取的第一个工业化项目。咖啡因是一种生物碱，富含于咖啡豆和茶叶中，其中咖啡豆中含有 0.6%~3%，茶叶中含有 1%~5%，含量则更高，一般在咖啡豆、茶叶、植物组织中与绿原酸、茶多酚类化合物呈结合态存在。咖啡因具有兴奋中枢神经系统、利尿、强心解痉、松弛平滑肌等药理作用，可作兴奋剂、利尿剂、强心剂等，是重要的医药原料，常作为药物中的掺和剂，也可作为食品上一些功能性饮料的添加剂。从咖啡豆和茶叶植株体中脱除下来的咖啡因可作药用，因此脱咖啡因的研究应运而生，受到人们的重视。

#### 1. 水吸收法脱除咖啡豆中的咖啡因

采用超临界 $CO_2$ 流体萃取咖啡豆中的咖啡因，然后用水吸收溶解于 $CO_2$ 中的咖啡因的工艺流程。首先将绿咖啡豆加入萃取塔中，1kg 咖啡豆要加 3~5L 水，连续地往萃取塔通入超临界 $CO_2$，并维持在超临界状态。大约 10h 后，咖啡因基本上全部进入水相，再从水相气提进入 $CO_2$ 中，原料咖啡豆中含 0.7%~3.0% 咖啡因，处理后咖啡豆中的咖啡因含量在 0.02% 以下，而芳香物质没有损失。超临

界 $CO_2$载咖啡因从萃取塔底部放出，从塔底逆流进入吸收塔，与塔顶自上向下的喷淋水进行质量交换，咖啡因被水吸收而与超临界 $CO_2$流体发生分离。脱除咖啡因后的 $CO_2$从吸收塔顶部逸出，经泵加压后，重新进入萃取塔顶部，实现 $CO_2$循环使用。从塔底部放出的吸收了大量咖啡因的高压水经膨胀阀减压后进入脱气器，使溶解的 $CO_2$从水相中放出，$CO_2$中可能还含有少量咖啡因，经压缩机压缩后重新进入吸收塔底部，做进一步的回收。脱除 $CO_2$气体后的咖啡因水溶液进入蒸馏塔，咖啡因浓溶液从蒸馏塔底部排出，以便进一步精处理，水汽经冷凝后从蒸馏塔顶部排出，用泵加压后送入吸收塔顶部循环使用。

2. **活性炭吸附法脱除啡豆中的咖啡因**

采用超临界 $CO_2$流体萃取咖啡豆中的咖啡因，然后用活性炭吸附溶解于 $CO_2$中的咖啡因的工艺流程。将咖啡豆和活性炭分别置于萃取塔和活性炭塔内，超临界 $CO_2$流体在两容器间循环，批量操作。从萃取塔顶部排出的超临界 $CO_2$流体、水和咖啡因的混合物，从活性炭吸附器顶部进入通过活性炭床层，咖啡因被活性炭吸附，$CO_2$返回萃取塔循环使用。定期排出吸附了咖啡因的活性炭，将咖啡因从活性炭中分离。将加水的绿咖啡豆和活性炭混合，每 3kg 咖啡豆加 1kg 活性炭，装入混合塔内，在 90℃和 22MPa 条件下，用超临界 $CO_2$静置处理数小时，使咖啡因从咖啡豆中被 $CO_2$萃取，继而被吸附在活性炭上。然后从萃取塔中排放出固体物料，用振动筛将活性炭和咖啡豆分开，再将咖啡因从活性炭中分离。在 90℃和 22MPa 条件下，用 $CO_2$处理 5h 可使咖啡豆中的咖啡因含量下降到 0.08%。

### （三）蛋黄粉中卵磷脂的分离与纯化

在生物界中，动物的卵黄富含卵磷脂，由于需要去除的胆固醇和甘油三酯的含量较高，致使蛋黄粉的利用受到限制。因此，如何从蛋黄粉中提取高纯度、高质量的卵磷脂成了研究的热点。

蛋黄粉中的主要成分是蛋黄卵磷脂（质量含量为 17%左右）、中性脂质（又称为蛋黄油，主要成分是甘油三酯和胆固醇，质量含量大于 40%）和卵黄蛋白（质量含量大于 40%）。中性脂质，尤其是其中的胆固醇是心脑血管的大敌，应该从卵磷脂产品中去除。卵磷脂极性较大，通常不溶于超临界 $CO_2$ 流体，而中性脂质在超临界 $CO_2$ 流体中的溶解度较大。另外，卵磷脂和中性脂质都可溶于乙醇，而卵黄蛋白则不溶。根据这些特性，国内外采用超临界 $CO_2$ 流体萃取分离技术对卵磷脂的分离提纯做了很多研究工作，归纳起来有以下几种工艺。

### 1. 乙醇溶剂萃取+超临界 $CO_2$ 流体萃取

第一步用有机溶剂（乙醇）萃取蛋黄粉，得到中性脂质、卵磷脂和乙醇的液体混合物，用减压蒸馏将乙醇除去，得到含卵磷脂的蛋黄脂质；第二步采用超临界 CO2 流体萃取技术将蛋黄脂质中的中性脂质除去，最后剩下的就是高纯度的卵磷脂。

综合有关资料，第一步中影响乙醇提取物中卵磷脂含量的因素有乙醇浓度、萃取温度、萃取剂乙醇用量、萃取时间。效果较好的工艺参数为：乙醇质量分数 >80%，乙醇添加量 8~15mg/L（乙醇添加量以每克原料蛋黄粉中添加乙醇的毫升数计），温度 50~70℃，萃取时间 0.5~1.5h；第二步超临界 $CO_2$ 流体萃取合适的参数范围是：萃取压力 2~4h，萃取温度 40~75℃，萃取时间 2~4h，分离压力 5~8MPa，温度 30~35℃。

该方法的优点是：可以得到不含有机试剂和中性脂质的高纯度蛋黄卵磷脂，而且有着优越的氧化稳定性；超临界流体萃取的原料是液体（中性脂质和卵磷脂的混合物），萃取物的体积减小，如果能实现连续进料，将大大地提高超临界设备的 $CO_2$ 生产能力。存在的问题是在大规模生产的过程中，在超临界流体萃取的后期，当萃取器中的磷脂浓度达到一定值时，可能会因萃取物黏度太大，致使超临界 $CO_2$ 流体无法穿透料层，传质效果差。

### 2. 超临界流体萃取+乙醇溶剂萃取

第一步，用超临界 $CO_2$ 流体进行萃取（萃取压力 25~35MPa、萃取温度 45~75℃、萃取时间 2~5h），可将蛋黄粉中的中性脂质去除；第二步采用溶剂萃取法，从已去除中性脂质的蛋黄粉中提取高纯度的蛋黄卵磷脂，用浓度大于 95% 的食用乙醇进行抽滤，可得含有卵磷脂的提取液，将该提取液经减压蒸馏或喷雾干燥后，即可得到高纯度的卵磷脂。

此工艺的优点是：超临界 $CO_2$流体萃取装置只在第一步中使用，总的萃取时间短；整个工艺过程不会造成不必要的磷脂损失。需解决的问题是要提高第一步去除中性脂质的效率。

3. 超临界 $CO_2$流体萃取+超临界 $CO_2$流体和夹带剂乙醇萃取

卵磷脂由甘油、脂肪酸和磷酸胆碱组成，通常不溶于超临界 CO2 流体中。利用这一特性，可采用超临界 CO2 流体去除蛋黄粉中的非目的产物——蛋黄油（中性脂质），然后用一定比例的乙醇溶解出萃余物中的卵磷脂，经冷冻干燥得到产品。该方法可以克服传统方法的缺点，得到真正的绿色产品。

（1）取出蛋黄油，除去大部分甘油三酯和胆固醇。将蛋黄粉装入萃取器，提高萃取压力，并保持一定温度，在超临界条件下连续萃取，直至分离器中不再分离出甘油三酯和胆固醇为止。产品卵磷脂的质量取决于蛋黄油的萃取程度，蛋黄油萃取越干净越好。

（2）溶出蛋黄粉中的卵磷脂。按一定比例和速率向萃取器输入乙醇，保持一定压力、温度和时间，然后自分离器中收集卵磷脂乙醇液。

（3）浓缩卵磷脂、回收乙醇。收集的卵磷脂乙醇液经减压蒸馏，回收乙醇后，蒸馏器中留下高纯度浓缩的卵磷脂。

（4）冷冻干燥，即可得到产品。采用该方法分离所得的蛋黄卵磷脂的产率为13.9%，其纯度可达95%以上，属于高纯度卵磷脂，质量分析报告表明符合国际标准。

这种方法的优点是：磷脂产品纯度高，无残留有毒有机溶剂；所需设备种类少，物料转换比较简单。存在的问题是：第一、二步都使用超临界萃取装置，总萃取时间较长；如果第二步中 $CO_2$和乙醇分离不完全，带有乙醇的 $CO_2$循环进入蛋黄粉时，少量的卵磷脂会被乙醇萃取出来进入中性脂质，从而影响卵磷脂的得率；在萃取过程的后期，可能会因蛋黄粉结糊结块而导致萃取效率低，产品得率低。

# 第三节　膜分离技术

## 一、微滤技术及应用

微滤（MF）是以静压差为推动力，利用膜的“筛分”作用进行分离的压力驱动型膜过程，微滤膜具有比较整齐、均匀的多孔结构，其操作压力为0.01～0.02MPa，分离直径为0.03～15μm，也称精密过滤。在静压差的作用下，小于膜孔的粒子通过滤膜，大于膜孔的粒子则被阻拦在滤膜面上，使大小不同的组分得以分离，其作用相当于“过滤”。由于每平方厘米滤膜中包含1000万～1亿个小孔，孔隙率占总体积的70%～80%，故阻力很小，过滤速度较快。

微滤主要用来从气相和液相物质中截留微米及亚微米级的细小悬浮物、微生物、微粒、细菌、酵母、红细胞、污染物等以达到净化、分离和浓缩的目的。

微滤过滤时，介质不会脱落，没有杂质溶出，无毒，使用和更换方便，使用寿命较长。同时，滤孔分布均匀，可将大于孔径的微粒、细菌、污染物截留在滤膜表面。滤液质量高，因此，它是现代大工业，尤其是尖端技术工业中确保产品质量的必要手段。

### （一）微滤分离机理

一般认为微滤的分离机理为筛分机理，膜的物理结构起决定性作用。此外，吸附和电性能等因素对截留也有一定的影响。

**1. 膜表面层截留**

（1）机械截留作用

微滤膜具有截留比它孔径大或与之孔径相当的微粒等杂质的作用，此为筛分作用。

（2）物理作用或吸附截留作用

在讨论微滤机理时，如果过分强调筛分作用就会得出不符合实际的结论。除了要考虑孔径因素，还要考虑其他因素的影响，其中包括吸附和电性能的影响。

(3) 架桥作用

通过电镜可以观察到，在孔的入口处，微粒因为架桥作用也同样可被截留。

2. 膜内部截留

膜的网络内部截留作用是指将微粒截留在膜内部而不是在膜的表面。对于表面层截留（表面型）而言，其过程接近于绝对过滤，易清洗，但杂质捕捉量相对于深度型较少；而对于膜内部截留（深度型）而言，其（深度型）过程接近于公称值过滤，杂质捕捉量较多，但不易清洗，多属于用毕弃型。

### （二）微滤技术的应用

1. 微滤除菌

采用孔径范围为 1~1.5μm 的微滤器，以错流方式处理脱脂乳，结果显示能截留 99.6%以上的细菌，而且无明显的渗透通量下降。据报道，该法对中脂和低脂牛乳在浓缩因子为 10 以下的平均渗透通量为 500L/（$m^2$·h），细菌除去效率大于 99.6%，低脂牛乳在浓缩因子为 20 以下，可得到高达 750L/（$m^2$·h）的渗透通量，连续运转 5~10h 后将污染膜再生。除菌后的牛乳饮用性能良好，营养价值得到提高，保质期从 6~8d 提高到 16~21d。

采用 0.5μm 的陶瓷微滤器对生啤酒进行过滤，能达到完全除菌的要求。经过陶瓷膜微滤后的生啤酒，其酒精度、原麦汁浓度和实际发酵度均保持不变，而总酸、色度、浊度和双乙酰含量均有所下降。因此，滤酒比原酒更清亮、透明。

2. 发酵品的澄清

酒类生产过程需要经过多次澄清处理，采用膜过滤技术使酒类澄清既简单经济，又能保持酒的醇香风味。白酒、啤酒、醋的生产都已经采用了膜技术。在大多数发酵产品中经常发现能引起浑浊的各种胶体，如蛋白质、肽、多糖、单宁、果胶、糊精等，以及其他非胶体粒子。采用微滤方法可以除去酵母、细菌、胶体、机械微粒等，料液的回收率达 98%~99%。

3. 饮用水生产

传统的饮用水生产工艺包括絮凝、沉降、消毒、澄清过滤等。双介质过滤器（无烟煤-沙，活性炭-沙）只适合处理低、中等浊度的水（不超过 15~20NTU），对于高浊度水的过滤效率十分低，水质差。

矿泉水的水源必须是排出的地下水，这些水在地下流动时溶入了某些无机盐。在矿泉水制造中，应用的膜技术有两种：一种是微滤；另一种是超滤。前者适用于胶体和微粒含量较少、浊度较低、水质稳定的矿泉水水源；后者适用于胶体、微粒含量多的矿泉水水源。下面为微滤（MF）和超滤—微滤联合（UF-MF）在矿泉水制造系统的应用流程。

微滤（MF）在矿泉水制造系统的应用流程如下：井水→锰砂滤→5μm→0.45μm→0.25μm→臭氧→1.0μm→灌装水。

超滤—微滤联合（UF-MF）在矿泉水制造系统的应用流程如下：井水→曝气→锰砂滤→5μm→超滤→0.25μm→臭氧→1.0μm→灌装。

## 二、超滤技术及应用

### （一）超滤的基本原理

通常认为，超滤是一种筛孔分离过程，在静压差推动力的作用下，原料液中溶剂和小溶质粒子从高压的料液侧透过膜流到低压侧，一般称之为滤出液或透过液，而大粒子组分被膜所阻拦，逐渐被浓缩而后以浓缩液排出，使它们在滤剩液中浓度增大。按照这样的分离机理，超滤膜具有选择性表面层的主要因素，形成具有一定大小和形状的孔，聚合物的化学性质对膜的分离特性影响不大。但是有时膜孔径要比溶剂分子和溶质分子都大，应该不具有截留功能，然而它仍具有明显的分离效果。因此，超滤作用并不是简单的筛分过滤，超滤膜的孔径大小和膜表面的化学特性分别起着不同的截留作用，孔结构是重要因素，但不是唯一因素。

超滤对溶质的分离过程主要有三种方式，即溶质在膜表面的机械截留（筛分）、在膜表面及微孔内吸附（一次吸附）和在孔内停留而被去除（阻塞）。超滤属于压力驱动型膜分离技术，其操作静压差一般为0.01~0.1MPa，被分离组分的直径为0.01~0.1μm，一般被分离的对象是相对分子质量大于500~1000000的大分子和胶体粒子，这种液体的渗透压很小，可以忽略。

超滤主要用于从液相物质中分离大分子化合物（蛋白质、核酸聚合物、淀粉、天然胶、酶等）、胶体分散液（黏土、颜料、矿物料、乳液粒子、微生物）、乳液（润滑脂、洗涤剂以及注水乳液）。采用先与适合的大分子复合的办法时，也可用超滤分离低分子质量溶质，从而达到某些含有各种小分子质量可溶性溶质和高分子物质（如蛋白质、酶、病毒）等溶液的浓缩、分离、提纯和净化。

### （二）超滤操作工艺

超滤的基本操作有以下三种。

#### 1. 间歇式操作

用于小规模生产，可以控制在膜的最佳效率范围内运行，在低浓度时可以获得很高的膜透量。

#### 2. 连续式操作

常用于大规模生产，组件的配置有单级和多级两类。这种形式有利于提高效率，除最后一级外其他级物料浓度都不高，渗透速率相应较高，最后一级在高浓度下操作，渗透速率较低。

#### 3. 重过滤操作

常用于大分子和小分子的分离，当料液中含有不同分子量的溶质时，在体系中不断地加入纯水以补充滤出液，小分子组分逐渐被滤出液带走，截留的大分子组分则得到提纯。

### （三）超滤技术的应用

#### 1. 乳清蛋白的分离

利用超滤处理乳清废液是膜分离技术应用中最成功的例子之一。奶酪生产中每10kg 牛奶要产生 8~9kg 乳清。由于乳清的固形物含量较低，其中的乳糖、蛋白质回收利用困难，40%~50%的乳清被倒掉，造成很严重的排放问题。膜分离技术应用于奶酪生产中，可同时用于分离、纯化、浓缩乳清。利用超滤、反渗透分离乳清的物料变化，在超滤浓缩过程中蛋白质含脂量逐步升高，乳糖含量逐步下降，灰分含量缓慢下降。有些乳清可进行重过滤使乳清蛋白达到干重的 50%以上。

2. 马铃薯淀粉废水处理

马铃薯淀粉生产过程中需用大量的水，而马铃薯所含的部分有机物、无机物都会转移到废水中，这种废水的COD值通常在10000mg/L左右，会造成大面积环境污染，使水生动物窒息死亡。应用超滤技术去除马铃薯淀粉排放废水，回收可溶性蛋白质，COD可降低50%以上。料液体系的pH值对回收有显著影响，pH=3.5左右接近蛋白质的等电点，蛋白质的溶解度最小，截留率提高，而且对防止料液的变质也起到一定作用。

3. 在制糖业中应用

制糖工业的碳酸法澄清工艺复杂、设备繁多、费用很高，蒸发浓缩糖汁不但要消耗大量能源，而且会发生糖的热分解现象。应用膜分离工艺后，工艺得到简化，能量消耗和运行成本降低，而且产品得率也能提高。甜菜或甘蔗的糖渗出汁中含有大量杂质，如多糖、木质素、蛋白质、淀粉、胶质以及其他黏性杂质，在结晶过程中产生色素或气味，降低了产品品质。生产实践表明，截留相对分子质量在10000~30000的超滤膜最适用于糖汁澄清，操作温度在60℃的透过速率比30℃时提高1倍，操作的平均压强在0.4~0.6MPa为好。

4. 果蔬汁澄清

超滤法澄清果蔬汁有如下特点：条件温和、时间短、速度快；能改善果汁口感，保持果蔬汁原有风味和营养成分，果蔬汁的回收率可以提高5%~10%；不用硅藻土等助滤剂、澄清剂，能节省酶用量，可降低原材料费用，减少反应设备，降低生产成本；能够去除所有细菌，做到无菌过滤，可直接与无菌包装机连接，省却了专门的杀菌工艺；澄清效果好，不仅可以除去果胶、蛋白质（包括酶）、淀粉等大分子物质和微小的果蔬组织碎屑，而且可除去部分褐变色素及苦味前体，从而改善产品外观和口感。例如，苹果压榨后获得的苹果汁中含有12%的固形物，其中包括糖、苹果酸、淀粉、果胶和酚类化合物。常规苹果汁澄清工序多，得率低，风味物质损失较多，澄清时间长达36h。采用超滤法，在果汁部分脱酸之后就可用超滤法进行澄清，而且超滤后果汁中的细菌、霉菌、酵母和果胶被去除，因此超滤的果汁具有较长的货架期，得率达到96%~98%，甚至99%，加工时间低于2h。

## 三、纳滤技术及应用

纳滤（nanofiltration，NF）膜是20世纪80年代末期问世的新型分离膜，它是介于反渗透与超滤之间的一种压力驱动型膜分离技术。它具有两个特性：①对水中的相对分子质量为数百的有机小分子成分具有分离性能，其所截留物质的相对分子质量介于反渗透膜和超滤膜之间，为200~2000；②纳滤膜表面分离层由聚电解质所构成，对于不同价态的阴离子存在Donnan效应，并且它们的Donnan电位有较大差别，可让进料中部分或全部的无机盐透过。物料的荷电性、离子价数和浓度对膜的分离效应有很大影响。

纳滤膜由于具有纳米级的膜孔径、膜上大多带电荷等结构特点，以及在低价离子和高价离子的分离方面有独特性能，因而主要用于：①不同分子质量的有机物质的分离；②有机物与小分子无机物的分离；③溶液中一价盐类与二价或多价盐类的分离；④盐与其对应酸的分离。从而可达到饮用水和工业用水的软化和净化、料液的脱色、浓缩、分离、回收等目的。

### 1. 水的净化与软化

地球上许多地区水源硬度超标，再加上周围环境的污染，使得许多水源中含有氰化物、胺化物、腐殖酸（该物一经和卤素接触就产生致癌的三卤化物）、高价金属离子等有害物质。为了获得合格的生活和生产用水，必须脱除水中的有机物和产生水硬度的钙、镁等的硫酸盐和碳酸盐，常将这样的水进行脱盐和脱磷处理从而达到净化和软化的目的。与传统工艺相比，纳滤技术净化和软化水时具有无须再生、没有污泥产生、完全除去悬浮物，同时去除有机物，操作简单，占地面积少等优点。

在传统处理工艺中，常用石灰—苏打法去除$Ca^{2+}$、$Mg^{2+}$等二价离子以降低水的硬度，用活性炭吸附法去除有机毒物。为了获得锅炉用软水，还增加了一个离子交换过程。总体来说，其处理过程工艺烦琐、效率低、费用高。当使用纳滤膜工艺时，一般可有效地去除$Ca^{2+}$、$Mg^{2+}$等硬度成分、三卤甲烷中间体、异味、色度、农药、合成剂、可溶性有机物及蒸发残留物质，并在低压（低于0.7MPa）下实现水的软化及脱盐，因而纳滤膜法软化水成为纳滤膜的最重要的工业应用之一。

2. 浓缩、脱盐

纳滤膜具有在截留较大分子质量物质的同时，又可使较小分子质量物质（如盐类）透过的双重作用，因此在食品工业中的大豆乳清排放水中低聚糖的回收，大豆蒸煮液的循环利用，蔬菜汁及果汁的高浓度浓缩，葡萄汁的浓缩制备葡萄酒，糖溶液的浓缩，单糖的精制，土豆淀粉生产过程排放水的处理，发酵过程水的处理，咖啡萃取液的浓缩，酒精蒸馏排放水的处理，麦芽糖、环糊精以及天冬酞胺的回收精制，奶酪乳清中乳酸的回收，水产加工过程中蛋白质的回收和氨基酸的分离浓缩等都要用到纳滤膜技术。

乳清含有4%~6%的 NaCl 和6%的固体，BOD 达 45000mg/L，直接排放是极严重的污染源。当乳清经纳滤膜浓缩脱盐后，被膜截留的乳清返回系统稀释后继续浓缩脱盐，透过液则被排掉，一直到乳清中的盐度降到用纳滤膜法处理要求为止，可溶盐在渗透液中可再循环或排放，截留物可加到常规乳清中。

3. 多肽的浓缩和分离

肽和多肽通常用色谱柱或层析从有机或水溶液中纯化，再通过热蒸发方式抽真空进一步浓缩。由于肽浓度过低，只有 0.1%~0.5%，蒸发过程持续时间过长，有可能会破坏提纯的产品，同时还将消耗大量的有机/水淋洗衣液。当采用纳滤技术时，可通过调节溶液的 pH 值，对某些多肽和氨基酸混合体系进行分离，在浓缩纯化时，还可将非常小的有机污染物和低分子质量的盐分除去，过程可低温高效进行，操作简便。

4. 维生素 $B_{12}$ 的回收和纯化

维生素 $B_{12}$ 通过发酵法生产，传统的工艺包括过滤分离、溶剂萃取，色谱纯化和纯维生素 $B_2$ 的析出。用纳滤膜技术可使萃取剂达到循环使用，从而减少溶剂向环境的排放量，同时还可提高维生素 $B_{12}$ 产品的回收率。

5. 氨基酸的分离和纯化

不同的氨基酸在等电点时，其 pH 值不同，所以通过调节 pH 值，使用纳滤技术可以分离和纯化氨基酸。其应用还包括环糊精、乳酸酯、酵母、有机酸等的生产或副产物的回收。

### 6. 脱色方面的应用

纳滤膜可用于去除90%以上的COD高色度物质、生产低盐淡色酱油、脱除焦糖色素中的亚铵盐和不良气味等方面。酱油中的动物水解蛋白和植物水解蛋白，通常用离子交换树脂和活性炭进行脱色时，一是影响植物水解蛋白的香气，二是会使产品的成本加大。当使用纳滤技术时，由于纳滤膜只截留分子量较大的色素，植物蛋白、动物蛋白中的氨基酸和香气成分则较好地被保留住。

## 四、反渗透技术及应用

### （一）反渗透（RO）原理

渗透是水从稀溶液一侧通过半透膜向浓溶液一侧自发流动的过程。浓溶液随着水的流入而不断被稀释。当水向浓溶液流动而产生的压力（水柱高）足够用以阻止水继续流入时，渗透处于平衡状态。平衡时，水从任意一边通过半透膜向另一边流入的数量相等，即处于动态平衡状态，而此时压力（水柱高h）称为溶液的渗透压。

当在浓溶液上有外加压力且该压力大于渗透压时，浓溶液中的水就会通过半透膜流向稀溶液，使得浓溶液的浓度更大，这一过程就是渗透的相反过程，称为反渗透。

渗透压是溶液的一种特性，它随溶液浓度的增加而增大。一般是以NaCl溶液为基础进行估算的，即每增加1mg/L的NaCl约增加渗透压为69Pa，这可用于大多数天然水的估算。然而，应注意到高分子的有机物产生的渗透压要低很多（如蔗糖1mg/L约为6.9Pa）。

### （二）反渗透技术的应用

### 1. 海水淡化（SWRO）和苦咸水脱盐

海水淡化过程需要注意引水体系状况和防止膜的污染，在反渗透前必须经过适当的预处理。海水的引水体系以海水井为佳，在海岸附近钻井取水，经过了地层过滤，海水已得到了极好的机械净化，进水的悬浮物和有机物含量少，溶氧浓度低，膜的损伤和设备的腐蚀因而减小；季节变化对海水井水温的影响小，生物性污染危险小，甚至可避免。但如果海水井出水的总固形物含量高于敞开式海水，或者不能供给稳定水源，则应从海岸附近的表层海水引水。进水的预处理需要控制悬浮固体、结垢盐类、胶体、生物、溶解氧、氯等可能的污染因素。

2. 用纯净水的生产

饮用纯净水水质要求高于生活饮用水，必须将生活饮用水经预处理、灭菌、消毒后才能制得合格的饮用纯净水。

3. 果汁和蔬菜汁加工

果蔬汁浓缩多用醋酸纤维素反渗透膜，它对醇和有机酸的分离率较低，与蒸发法相比，反渗透浓缩的果汁可使浓缩果汁有更好的芳香感与清凉感。蒸发法浓缩果汁中的芳香成分几乎全部消失，速冻法浓缩的果汁芳香成分只保留 8%，反渗透法芳香成分可保留 30%~60%，而且脂溶性部分比水溶性部分保留更多，维生素 C、氨基酸的损失均比真空蒸馏浓缩要小得多。

（1）果汁

果汁含各种挥发醇、酯和醛，如果采用蒸发浓缩必然对浓缩汁的质量和风味造成破坏。

（2）蔬菜汁

蔬菜汁的加工特性不同于果汁，例如番茄汁中轻微的烹煮味反受消费者喜爱。

采用反渗透浓缩的主要问题是浓缩倍数的限制，其浓缩倍数取决于果蔬汁的渗透压。为了使膜分离过程具有较高的效率，膜分离的使用压力通常数倍于原果蔬汁的渗透压。如果采用二级浓缩，第一级先用对糖截留率高的膜浓缩至 2~3 倍，第二级再用糖截留率低的膜，最终可以浓缩到 4~5 倍。由于经济成本因素，一般果蔬汁的浓缩限度为 25~30°Bx。

低乙醇啤酒具有典型的啤酒风味，乙醇含量 2.0%的称为低乙醇啤酒，乙醇含量低于 0.5%的称为无乙醇啤酒。利用反渗透能够有效地减少啤酒的乙醇含量而不损失其怡人的芳香。原啤酒在分离了乙醇和透过液后浓度会上升，需要补充二次过滤水加以平衡。

4. 糖汁浓缩

在制糖过程中的清净汁浓缩过程通常采用加热蒸发法，不但需要消耗大量热量，而且容易发生糖分的热分解。采用反渗透法对稀糖汁进行浓缩，则可以节约能量 29%。但由于高浓度糖液的渗透压较高，采用反渗透法进行浓缩有一定限度，当糖浓度超过 360g/L 后，浓缩能力将急剧下降。

5. 功能性低聚糖的分离纯化

大豆低聚糖是大豆中所含寡糖类化合物的总称，主要成分为水苏糖、棉子糖及蔗糖，是从大豆乳清中分离提取的。大豆乳清液中含有大量的残留蛋白质，会影响浓缩，并与糖类发生美拉德反应而使得大豆低聚糖浆色黑味苦，质量极差。通过用超滤去除残留蛋白、反渗透除盐、纳滤精制分离低聚糖的分批操作，可将废液浓度从 10%浓缩到 22%，废液的 COD 也可达到排放标准。

异麦芽低聚糖的工业化产品是由葡萄糖、麦芽糖、异麦芽低聚糖组合而成的混合糖浆或粉末，其中具有生理功能的成分主要集中在二糖和三糖，四糖以上组分功能活性较弱。在压力为 1.5～1.8MPa，流量为 15～20L/min，温度为40℃～45℃系统下纳滤，可以使异麦芽低聚糖总含量达 91.08%～93.48%，其中异麦芽糖、潘糖、异麦芽二糖当量达到 51.46%～55.07%。

## 五、电渗析技术及应用

电渗析是在直流电场的作用下，以电位差为推动力，利用离子交换膜的选择透过性，将电解质从溶液中分离而实现溶液的淡化、浓缩、精制或纯化的膜分离技术。电渗析技术的特点是：能量消耗低，电渗析过程的电能仅迁移水中的盐分，大量的水并不发生相的变化；环境污染小，而电渗析法处理不必像离子交换处理一样以大量酸、碱再生，仅酸洗时需要少量的酸；对原水含盐量变化适应性强，电渗析除盐可按需要进行调节电渗析器中的段数、级数或多台电渗析器的串联、并联，以及不同除盐方式（直流式、循环式或部分循环式）；操作简单，易实现机械化、自动化；水的利用率较高。电渗析器运行时，浓水和极水可以循环使用，水的利用率可高达 70%～80%，废弃的水量少，再利用和后处理都比较简单。

电渗析的缺点是只能除去水中的盐分，对水中有机物不能去除，某些高价离子和有机物还会污染膜，在运行过程中易发生浓差极化而产生结垢。脱盐率越高的水，其导电率越低，电场的作用也越低。因此，电渗析法不能制备高纯度水。

### （一）电渗析原理

在阴极和阳极之间交替排列着一系列阴离子交换膜和阳离子交换膜。阴离子交换膜只允许阴离子通过而阻止阳离子通过，阳离子交换膜则只允许阳离子通过而阻隔阴离子。以处理含 NaCl 的废液为例，当接通电源后，在直流电场的作用下，中间隔室中的阳离子不断穿过阳膜迁移到阴极室，并受到阴膜阻隔而不能继续向阴极室迁移；阴离子则不断穿过阴膜迁移到阳极室，并受到阳膜阻挡，结果中间隔室内溶液中离子的含量越来越少，最后成为符合要求的淡水，一般称该室为脱盐室（或淡室），而在相邻室中，由于离子的迁入，浓度逐渐升高为浓水，一般称该室为浓缩室（或浓室）。

### （二）电渗析技术的应用

#### 1. 苦咸水及海水淡化

电渗析法脱盐成本与原水含盐量有密切关系，原水浓度的增加使生产单位体积淡水的耗电量增加，单位膜面积上的产水量减少，生产成本因而提高。电渗析脱盐的最佳浓烈度范围是每升几百至几千毫克，一般苦咸水大多在此范围内，而海水含盐量是苦咸水的 10~20 倍，因此电渗析脱盐主要用于苦咸水淡化，但电渗析法海水淡化的价格与其他方法相比仍具有一定的吸引力。

#### 2. 纯水的制备

制取纯水的传统方法是采用离子交换法，原水中盐含量越低越适于离子交换法，原水浓度高时可采用电渗析作离子交换的前处理，以大大减轻后面离子交换的负荷，延长使用周期。根据不同原水水质和对产水的水质要求，将几种方法结合起来使用，可以充分发挥二者的特长，常见方式有以下几种。

（1）原水—预处理—电渗析系统

①自来水（或地下水）—过滤—电渗析。一级过滤采用砂滤器或滤筒式过滤

器；二级过滤用的是滤筒式滤器、微孔管过滤器等。

②自来水（或地下水）—过滤—活性炭（或氯型强碱离子交换树脂）—电渗析。原水中除含有悬浮物外，还含有机物时采用这种处理方式。

③地下水（或地表水）—曝气、加石灰或通氧—过滤—电渗析。原水中含有铁、锰或硫化物时常采用这种处理方式。

④原水—预处理—电渗析（脱硬）—离子交换系统。原水中 $Ca^{2+}$、$Mg^{2+}$浓度高时可采用这种方式。

（2）原水—预处理—电渗析—离子交换系统

这种系统主要用于制取纯水和高纯水。电渗析器首先把原水中大部分盐分脱除，然后经离子交换进一步除盐，最终出水含盐量达到所需的水平。这种方式称为 EDDI 法。

（3）其他应用

利用电渗析技术从海水中制盐已经被工业化。此外，电渗析在有机酸脱盐、氨基酸纯化、乳清脱盐、果汁脱酸等方面也都有应用。

# 第四章　食品杀菌技术

## 第一节　超高温杀菌技术

食品工业中，加热杀菌在杀灭和抑制有害微生物的技术过程中占有极为重要的地位。长期以来，科学工作者为了恰当有效地运用加热杀菌这一技术进行了多种研究：一方面，以杀灭对象菌有害微生物为目标来研究加热杀菌的条件与程度；另一方面，从食品品质，尤其是色、香、味、质构方面考虑，研究如何保持食品应有的品质。理想的加热杀菌效果应该是在热力对食品品质的影响程度限制在最小限度的条件下迅速而有效地杀死存在于食品物料中的有害微生物，达到产品指标的要求。

超高温杀菌是达到这一理想效果的途径之一。超高温杀菌最早用于乳品工业牛奶的杀菌作业。大量实验表明，微生物对高温的敏感性远大于多数食品成分对高温的敏感性。故超高温杀菌能在很短时间内有效地杀死微生物，并较好地保持食品应有的品质，因而目前广泛用于乳品、饮料和发酵等行业。

但通常的超高温杀菌设备只适用于不含颗粒的物料或所含颗粒的粒度小于1cm物料的加热杀菌。对颗粒粒度大于1cm的物料，目前已可借新的电阻加热法来实现超高温杀菌过程，这就是欧姆杀菌。

### 一、超高温杀菌原理

#### （一）微生物的耐热性

腐败菌是食品杀菌的对象，其耐热性与食品的杀菌条件有直接关系。

影响微生物耐热性的因素有如下几方面：

（1）菌种和菌株；

（2）热处理前菌龄、培育条件、贮存环境；

（3）热处理时介质或食品成分如酸度或 pH 值；

（4）原始活菌数；

（5）热处理温度和时间，作为热杀菌是主导的操作因素。

### （二）微生物的致死速率与 *D* 值

在一定的环境条件和温度下，微生物随时间而死亡时的活菌残存数是按指数递减或按对数周期下降的。这一规律为通常大量的试验结果所证实。

*D* 值反映了细菌死亡的快慢。*D* 值越大，细菌死亡速度越慢，即细菌的耐热性越强。反之，则死亡速度越快，耐热性越弱。由于致死速率曲线是在一定的加热温度下作出的，所以 *D* 值是温度 *T* 的函数（常写成 *Dr*），上述比较只能以同一加热温度为前提，如以 *Drot.* 来作比较。必须指出，*D* 值不受原始菌数的影响，换言之，原始菌数不影响其个别细菌按指数死亡的规律。

### （三）微生物的热力致死时间与 *Z* 值

微生物的热力致死时间（*thermal death time*）就是在热力致死温度保持不变的条件下，完全杀灭某菌种的细胞或芽孢所必需的最短热处理时间。

如同对致死速率曲线的处理一样，若以横坐标为热处理温度，纵坐标为热致死时间（*TDT*）的对数值，就可以在半对数坐标图上得到一条形为直线的热力致死时间曲线。同样，此直线斜率绝对值的倒数 *Z* 值表明了热致死时间缩短一个对数周期所要求的热处理温度升高的度数。决定细菌耐热特性的是 *F* 和 *Z* 两个参数。对于不同的菌种，一般两者都不相同；对于同一菌种，也只能在其一数值相等的条件下，由另一条来比较它们的耐热性。故 *F* 值只能用于 *Z* 值相同细菌耐热性的比较。*Z* 值相同时，*F* 值大的细菌的耐热性比 *F* 值小的强。同样，*F* 值相同时，*Z* 值大的细菌的耐热性比 *Z* 值小的强。为了比较，也可人为规定 *Z* 的标准值，一般取 $Z=10$℃（表 4-1、表 4-2）。

**表 4-1　不同温度下的同一原始菌数的超高温杀菌效果**

| 温度/℃ | 原始总孢子数/（个/mL） | 最终芽孢数/（个/mL） | 杀菌效果（SE） |
|---|---|---|---|
| 140 | 450000 | 0.0004 | >9 |
| 135 | 450000 | 0.0004 | >10 |
| 130 | 450000 | 0.0007 | 8.8 |
| 125 | 450000 | 0.45 | 6 |

**表 4-2　同一温度不同原始菌数下的杀菌效果**

| 原始总孢子数/（个/mL） | 最终芽孢数/（个/mL） | 杀菌效果（SE） |
|---|---|---|
| 450000 | 0.0004 | >9 |
| 4000000 | 0.0004 | >10 |
| 75000000 | 0.0004 | >11 |
| 125 | 450000 | 0.45 |

## （四）超高温杀菌效果

超高温杀菌通过在极短时间内加热食品至超过 135℃或 275℉，以杀死食品中的微生物，特别是孢子，从而达到灭菌的目的。这种方法最常用于牛奶，也适用于果汁、奶油、豆浆、酸奶、葡萄酒、汤、蜂蜜及浓汤等食品。超高温消毒法，简称 UHT 或 ultra-pasteurization，能够在短时间内迅速加热食品，然后迅速冷却，从而最大限度地保存食品的营养和风味。由于杀菌过程持续时间很短，可以最大程度地保留食品的营养成分和原始风味。这种方法的优点在于其高效性和对食品质量的保持，使得食品能够在常温下保存较长时间，且无需额外的防腐剂。

超高温杀菌技术结合了无菌包装技术，通过在一个无菌的环境中将产品包装起来，有效地控制产品的微生物总量，极大地延长食品的保质期。这种方法将产品在封闭的系统中加热到 120℃以上，持续几秒钟后迅速冷却至室温，从而杀死有害微生物并保存食品的营养和风味。这种杀菌方法与无菌包装技术结合使用，可以有效地控制产品的微生物总量，从而延长食品的保质期，同时保持食品的营养和风味。

总的来说，超高温杀菌技术通过在极短的时间内将食品加热至高温，然后迅速冷却，实现了对食品的有效灭菌，同时最大限度地保留了食品的营养成分和原始风味。这种方法结合无菌包装技术，可以极大地延长食品的保质期，是现代食品加工中常用的有效杀菌方法之一。

### （五）超高温杀菌的品质保证

大量实验表明，采用超高温瞬时杀菌技术可最大限度地保持食品的风味及品质。这主要是因为微生物对高温的敏感程度远远大于食品成分的物理化学变化对高温的敏感程度。例如，在乳品工业生产灭菌乳的过程中，如果牛乳在高温下保持较长时间，则可能产生一些化学反应。如蛋白质和乳糖发生美拉德反应，使乳的颜色变褐；蛋白质发生分解反应，产生不良气味；糖类焦糖化产生异味等。若选择灭菌条件为 110~120℃、15~20min，则两线之间间距甚近，说明生产工艺条件要有十分严格的措施来维持，这在实际上很难办到。而选择超高温灭菌条件 137~145℃、2~5s 时，两线之间间距较远，说明产生褐变及其他缺陷的危险性较小，生产工艺条件较易控制。在这种杀菌条件下，产品的颜色、风味、质构及营养等品质没有受到很大的损害。所以，该技术比常规杀菌方法能更好地保存食品的品质及风味。

## 二、超高温杀菌的装置系统

按照物料与加热介质直接接触与否，超高温瞬时杀菌过程可分为间壁式加热法和直接混合式加热法两类。

进行热交换，使物料瞬间被加热到 135~160℃。由于不可避免地有部分蒸汽冷凝进入物料，同时又有部分料液水分因受热闪蒸而逸出，因此在物料水分闪蒸过程中，易挥发的风味物质将随之部分去除，故该方式不适用于果汁杀菌，而常常用于牛乳以及其他需脱去不良风味物料的杀菌。

直接混合式加热法可按两种方式进行：一种是注射式，即将高压蒸汽注射到待杀菌物料中；另一种是喷射式，即将待杀菌的物料喷射到蒸汽中。后者，物料通常向下流动，而蒸汽向上运动。由于加热蒸汽直接与食品相接触，因此对蒸汽的纯净度要求甚高。

间接式加热超高温过程是采用高压蒸汽或高压水为加热介质，热量经固体换热壁转传给待加热杀菌物料。由于加热介质不直接与食品接触，所以可较好地保持食品物料的原有风味。故广泛用于果汁、牛乳等的超高温杀菌过程。直接混合式加热超高温过程与间接式加热超高温过程相比，前者具有加热速率快、热处理时间短、食品颜色、风味及营养成分损失少的优点，但同时也因为控制系统复杂和加热蒸汽需要净化而带来产品成本的提高。而后者相对成本较低，生产易于控制，但传热速率相对前者较低。

### （一）直接混合式加热的超高温瞬时杀菌装置系统

根据被处理物料性质的不同，超高温杀菌的工艺流程也不完全相同，但主要的关键步骤则相同，即物料都由泵送至预热器预热，然后进入直接蒸汽喷射杀菌器，杀菌后的物料经闪蒸去除部分水分和降低温度之后进入下一道工序。下面以消毒牛乳为例介绍一下直接混合式加热超高温过程的若干典型装置流程。

通常，直接蒸汽喷射杀菌装置使用的蒸汽必须是干饱和蒸汽，不含油、有机物和异臭，故只有饮用水才能作为锅炉用水。为了保证加热蒸汽在使用前完全干燥，除过滤器外，还需设置汽液分离器。

在杀菌过程中，系统的自动控制是重要的。因为喷射进入牛乳中的蒸汽量必须和汽化时排出的蒸汽量相等，所以采用了比重调节器，借此控制阀门以达到此目的。为了保证制品的高度无菌，要有高精度、反馈快的温度调节器。在保温管中安装了温度传感器，它是杀菌温度调节器的一部分。因此可通过气动阀改变蒸汽喷射速度，自动地保持所需的直接蒸汽杀菌温度。如果因供电或供汽不足等原因，料温低于要求，则原乳进料阀就自动关闭，软水阀打开以防止牛乳在装置中烧焦。通向无菌贮罐的阀门也会自动关闭，以防止未杀菌牛乳进入灭菌乳罐。由于自动连锁设计，装置未经彻底消毒前，不能重新开始牛乳杀菌作业。

### （二）间接加热的超高温瞬时杀菌装置系统

间接加热超高温瞬时杀菌是通过间壁式换热器来实现的。常用的间壁式换热器有板式、管式和旋转刮板式等。

在加热器工作负荷最大时，蒸汽通过整个加热环形管，冷凝水在最后一个阀门排出。而当某一灌装机停车，牛乳容量减少时，则只需使用部分加热环形管。自动流出的冷凝水与减少了的加热表面积相一致。其余加热管只不过被冷凝水充满而不起加热作用。一旦加工能力再增加时，超高温段的加热面会自动进行调整。这样就不致发生由于流过加热段整个长度的制品减少而造成的过热现象。这一设计使得加热面能适应各种不同黏度的制品，如牛奶布丁的加热。由此可见，这种装置在产品加工能力和产品品种方面具有更大的适应性。

## 三、超高温杀菌系统的加热设备

### （一）板式换热器

板式热交换器是超高温过程中最常用的一种换热设备。与管壳式热交换器相比，它具有以下特点：

（1）传热系数高：传热面上可以压出各种凹凸形，在较低的雷诺数条件下即可出现紊流状态，故换热系数较高；

（2）结构紧凑：由于结构紧凑，空隙小，因而单位体积内拥有较大的传热面积。其安装面积为管壳式的1/3~1/2，可节省占地面积与施工费用；

（3）容易增减传热面积：对于管壳式热交换器，在需要增加液体的处理量时，原有热交换器的传热面积几乎不可能增加，但板式换热器却可根据需要随时增减传热板数目来改变传热面积；

（4）容易清洗干净：由于传热板可以拆散，故便于彻底清洗污垢；

（5）热损失小：板式热交换器只有传热板的外壳端板暴露在大气中，因此散热损失可以忽略不计，也不需保温措施；

（6）价格低廉：板式热交换器的传热板是采用冲压加工，标准化程度高，所以比手工或小批量制作的管壳式热交换器价格便宜；

（7）有泄漏：板式热交换器采用密封垫密封，有时可能有泄漏；

（8）单位长度的压力损失大：由于传热面之间的间隙较小，传热面上凹凸不平，因此比传统的光滑管的压力损失大。

构成板式换热器的主要组件：传热板；垫片；导杆和压紧螺杆；前支架和固定板，后支架和压紧板；连接管。

传热板是板式换热器的主要工作件，一般采用不锈钢冲压制成，其形状和尺寸有多种形式。用作液-液热交换的传热板板型有凸起状板、波纹板、人字形板等。

### (二) 环形套管式换热器

超高温杀菌用环形套管式换热设备的主要结构为盘成螺旋状的同心套管。与管壳式热交换器相比，它具有以下特点：

(1) 流量小或者所需传热面积小的情况适用；

(2) 因为螺旋管中的层流传热系数大于直管的，所以可用于较高黏度流体的热交换；

(3) 因为传热管呈蛇形盘状管，具有弹簧作用，没有热应力造成的破坏漏失；

(4) 紧凑，安装容易；

(5) 用机械方法清洗困难；

(6) 当用不锈钢管作传热管时，如果传热管长度大于某一限度，则为了保持壳侧流均匀，必须加隔板，从而使壳侧流体压力损失增大。

### (三) 旋转刮板式超高温加热杀菌设备

如果待杀菌物料的黏度太大或流动太慢，或者物料在加热器表面易形成焦化膜，则旋转刮板式超高温杀菌设备是较合适的。这种杀菌设备主要由旋转刮板式换热器构成，其他辅助设备包括泵、预热器、保温器、控制仪表、阀门、贮槽等。

加热介质在传热圆筒外侧的夹套中流动，被处理的物料在圆筒内流动，传热圆筒内有旋转轴，流体的流动通道为筒径的10%~15%，刮板自由地固定在旋转轴上，由于旋转的离心力和流体的阻力使其与传热面紧密接触，连续地刮掉与传热面接触的流体覆盖膜，露出清洁的传热面，刮掉的部分沿刮片卷向旋转轴附近，而轴附近的液体被吸入到叶片后业已露出的传热面。

这种换热器中，刮片的设计非常重要。刮片和传热面之间的接触压力必须能克服流体的附着力，但过大会损坏传热面或刮片。刮片的安装通常采用自由支持法。因为随着液体黏度的增大，流体阻力也变大，相应的接触压力也变大，即使传热面有凸凹也不用担心产生损坏。

带刮刀的旋转轴又称为搅拌器。搅拌器的中央通热水循环以减少物料对搅拌器表面的黏附程度，典型的搅拌速度为60~420r/min。

### （四）直接加热式超高温杀菌设备

直接加热法杀菌设备主要由物料泵、蒸汽喷嘴（或物料喷嘴）、真空罐及各种控制仪表构成。其中最关键的是加热介质与物料相混合的装置。

## 第二节　欧姆杀菌技术

欧姆杀菌是一种新型热杀菌的加热方法，它借助通入电流使食品内部产生热量达到杀菌的目的。对于带颗粒（粒径小于15mm）的食品，常规热杀菌方法是采用管式或刮板式换热器进行间接热交换，其过程速率取决于传导、对流或辐射的换热条件。间壁式换热情形，热量首先由加热介质（如水蒸气）通过间壁传递给食品物料中的液体，然后靠液体与固体颗粒之间的对流和传导传给固体颗粒，最后是固体颗粒内部的传导传热，使全部物料达到所要求的杀菌温度。显然，要使固体颗粒内部达到杀菌温度，其周围液体部分必须过热，这势必导致含颗粒食品杀菌后质地软烂、外形改变，影响产品品质。

而采用欧姆加热，则使颗粒的加热速率与液体的加热速率相接近成为可能，并可获得比常规方法更快的颗粒加热速率（1~2℃/s）。因而可缩短加工时间，得到高品质的产品。

### 一、欧姆杀菌原理

欧姆加热是利用电极，将电流直接导入食品，由食品本身介电性质所产生的热量，以达到直接杀菌的目的。实际上，所使用的电流是50~60Hz的低频交流电。根据Joule定律，在被加热食品内部的任一点通入电流。

#### （一）电导率与温度对欧姆加热的影响

通常，食品物料的热导率、密度、比热容等数据可从手册或文献中查到，但它的电导率数据却很少见。Halden 等利用专门设计的电导池，由测得的数据说明欧姆加热过程中食品电导率的变化情况。由于食品是离子型电导体，所以其电导率一般随温度呈线性上升。这可能是由于食品结构发生变化引起的，如脂肪融化、淀粉糊化和蛋白质变性。Halden 等找到了电导率发生变化的如下重要原因：

（1）食品的电导率是频率的函数：工业电导仪在高于 50Hz 频率下测到的结果明显地不同于工业欧姆加热器中的电导率；

（2）食品的电导率是各向异性的：这可能与食物原料的生长及结构有关。例如，胡萝卜的电导率随电流方向而变，在平行于胡萝卜长轴方向上的电导率较高；

（3）在常规加热与欧姆加热之间，存在明显的电导率-温度分布差异。值得注意的是，电导率同样都是上升的，只是在欧姆加热中，电导率的上升发生在较低的温度区域。该图是对梨做试验后得出的。类似的结果还可从其他物料中见到（如甜菜块根）。这可能是由于振荡电场增加了离子穿过生物膜运动而导致传质加强的缘故。

根据能量转换原理，通入电流后，食品中偶极子的运动取决于所加的电场强度及其频率。由于这些基本粒子的极性取向在不断频繁改变，所以在食品介电物质内不断地将电能转换为热能。

### （二）电导率与形状因子对欧姆加热的影响

如前所述，采用适当的技术可测得欧姆加热过程中食品的电导率。因此，在静态加热器中，通过一系列实验已经掌握了对欧姆加热速率有影响的因素的范围。实验表明，对液体中的单个粒子，加热速率是下列因素的函数：

（1）粒子的电导率；

（2）物料的其他物理性质；

（3）颗粒的形状；

（4）颗粒与所加电场的排列取向。

### （三）流体流型对欧姆加热的影响

流体在欧姆加热器内的流动行为也是影响加热速率的一个因素。对于含颗粒食品的欧姆加热，其物料流多数为复杂的非牛顿流体，其有关的流变特性十分复杂。在一般的研究中，通常假定在加热器内流体的流动为塞流（Plug Flow），即沿半径无轴向流速梯度。但实际上，含颗粒流体的流动多为具有沿径向速度分布的低速流、低 Re 数流。

### （四）操作因素对欧姆加热速率的影响

在欧姆加热管内连续流动加热的条件下，反映加热速率的是物料通过欧姆加热管段两极之间后温度的升高（温升）。此温升取决于操作时的电场强度、电极间距、物料流率等因素。

## 二、欧姆杀菌装置分析

### （一）欧姆杀菌装置

欧姆杀菌装置系统主要由泵、柱式欧姆加热器、保温管、控制仪表等组成。其中最重要的部分是柱式欧姆加热器。柱式欧姆加热器由 4 个以上的电极室组成，电极室由聚四氟乙烯固体块切削而成，包以不锈钢外壳，每个极室内有一个单独的悬臂电极。电极室之间用绝缘衬里的不锈钢管连接。可用作衬里的材料有聚偏二氟乙烯（PVDF）、聚醚醚酮（PEEK）和玻璃。

欧姆加热柱以垂直或近乎垂直的方式安装，待杀菌物料自下而上流动。加热器顶端的出口阀始终是充满的。加热柱以每个加热区具有相同电阻抗的方式配置。因此，一般沿出口方向，相互连接管的长度逐段增加。这是由于食品的电导率通常随温度的升高而增大。实际上，离子型水溶液电导率随温度而增大，呈线性关系。这主要是温度提高加剧了离子运动的缘故。这一规律同样适用于多数食品，不过温度升高黏度随之显著增大的食品例外，例如含有未糊化淀粉的物料。

### （二）欧姆杀菌技术操作（无菌技术）

首先是装置的预杀菌。欧姆加热组件、保温管和冷却管的预杀菌是用电导率与待杀菌物料相接近的一定浓度硫酸钠溶液循环来实现的。通过电流的通入达到一定的杀菌温度，通过压力调节阀控制杀菌操作的压力。其他设备，从贮罐至充填机及其管路的杀菌则采用传统的蒸汽杀菌方法。采用电导率与产品电导率相近的杀菌剂溶液的目的是使下一步从设备预杀菌过渡到产品杀菌期间避免电能的大幅度调整，以确保平稳而有效地过渡，且温度波动很小。

一旦装置杀菌完毕，循环杀菌液由循环管路中的片式换热器进行冷却。当达到稳定状态后，排掉杀菌液，同时将产品引入正位移式料泵的进料斗。

在转换期间，利用无菌的空气或氮气，调节收集罐上方的压力，以此对反压进行控制。收集罐用于收集硫酸钠/产品的交接部分。一旦收集完交接部分的液体，便将产品转入主杀菌贮罐，该罐上方的压力同样被用来控制系统中反压。加热高酸制品时，反压维持在 0.2MPa、杀菌温度 90～95℃；加热低酸食品时，反压维持在 0.4MPa、杀菌温度达 120～140℃。反压较高是防止制品在欧姆加热器中沸腾所必需的。

物料通过欧姆加热组件时被逐渐加热至所需的杀菌温度。然后依次进入保温管、冷却管（管式换热器）和贮罐，供无菌充填。

当生产结束之后，切断电源并用水清洗设备，然后用 80℃ 的氢氧化钠溶液（浓度 2%，质量体积比）循环清洗 30min。清洗液的加热用系统中的片式换热器。NaOH 溶液的电导率很高，不宜用欧姆加热。

欧姆加热器可装有不同规格电极室和连接管，可达到 3t/h 的生产能力，具体产量视所要求达到的温度而定。实验室研究用的欧姆加热器为 5kW、50kg/h。

## 三、欧姆杀菌技术在食品工业中的应用

与传统罐装食品的杀菌相比，欧姆杀菌可使产品品质在微生物安全性、蒸煮效果及营养/维生素保持方面得到改善。其主要优点如下：

（1）可生产新鲜、味美的大颗粒产品；

（2）能使产品产生高的附加值；

（3）能加热连续流动的产品而不需要任何热交换表面；

（4）可加工对剪切敏感的产品；

（5）热量可在产品固体中产生而不需要借助其液体的传导或对流；

（6）系统操作平稳；

（7）维护费用低；

（8）过程易于控制，且可立即启动或终止；

（9）加工和包装费用有节约潜力；

（10）包装的选择范围较宽。

Campden 食品、饮料协会已开发了一种技术，将欧姆加热方法用于实际生产的场合。按照该技术，将某种高耐热性的试验菌芽孢接种到藻朊酸盐模拟颗粒食品中，然后将接过种的藻朊酸盐颗粒加入食品，并在欧姆加热器中按正常方式进行杀菌处理。杀菌之后，回收颗粒，并检测其存活的芽孢数。根据存活芽孢数的资料以及已知的接种芽孢的抗热性，就可以让颗粒所受到的热处理以相当于121.1℃下的分钟数（$F_0$ 值）来说明。该技术已成功地应用于含颗粒的食品中，且证实在欧姆加热时所发生的有利的容积效应。

实验清楚地说明，颗粒的加热直接来自电阻加热，其加热水平与液相所受的加热水平相仿。如果颗粒是用常规的方法，譬如在管式或刮板式热交换器中通过液相的热传导加热，则颗粒中心的理论 $F_0$ 值将仅有 0.2。

从接种颗粒中得到的 $F_0$ 值范围较窄，这也证明颗粒流经欧姆加热系统的停留时间分布没有很大的差异，说明颗粒的加热是直接加热而不依赖液相热传导来加热的另一个优点。

进一步的实验还对整个颗粒所受到的致死作用与颗粒中心所受到的致死作用作了比较。颗粒的制作方法同上所述，1/2 作为整颗粒，另外 1/2 在颗粒中间加入已知芽孢量的藻朊酸钠小珠后再形成立方体颗粒。对胡萝卜，得到的 $F$ 值，全颗粒为 23.1～44.0，而中心则为 30.8～40.2。牛肉颗粒的 $F$ 值，全颗粒为 28.0～38.5，而中心则为 34.0～37.5。实验表明，颗粒中心的热处理类似于全颗粒的，颗粒中心与颗粒外部边缘的热处理差异不大。

因此，为了把蒸煮反应降至最小，在最高杀菌温度下加热速率越快越好。然而按常规的加热方式，对含大颗粒食品的杀菌，当温度高于 130℃时，液相必受到严重的过热处理。为了使颗粒中心杀菌值仅达到 $F_0=5$，液相的 $F_0$ 值很高。如果试图将粒径 25mm 的颗粒加热至 135℃，则液相的 $F_0$ 值近似为 150，这是严重的过热处理。然而，对 15mm 粒径的颗粒进行 130℃的杀菌，液相的 $F_0$ 值仅略高于 25。

当粒径大于 15mm 时，连续加热所需的保温时间将超过 5min，这样，保温管的长度就非常长。这也是常规加热方法不适合于含大颗粒食品的原因。

常规加热处理含颗粒食品时还应考虑固液比，通常颗粒含量限制在30%～40%，以保证有足够的热流体来加热固体颗粒。此外，黏度也不能过大，因为黏度升高导致液体与固体之间的传热速率的降低。

然而，若采用欧姆加热，则颗粒被直接加热，且杀菌温度可达140℃（工作温度受欧姆加热器塑料衬里成分的限制）而不存在任何液相过热处理。更重要的是，欧姆加热器能处理高颗粒密度、高黏度的食品物料，有利于使停留时间分布减至最小。

因此，欧姆加热器可用于在较高的杀菌温度下处理含大颗粒的食品，而使C值为最小。

# 第三节　高压杀菌技术

## 一、高压杀菌原理

所谓高压杀菌，就是将食品物料以某种方式包装以后，置于高压（200MPa以上）装置中加压处理，使之达到灭菌要求的目的。

高压杀菌的基本原理就是压力对微生物的致死作用。高压导致微生物的形态结构、生物化学反应、基因机制以及细胞壁膜发生多方面的变化，从而影响微生物原有的生理活动机能，甚至使原有功能破坏或发生不可逆变化。在食品工业中，高压杀菌技术的应用旨在利用这一原理，使高压处理后的食品得以安全长期保存。

### （一）有关探索性研究的启示

高压技术的早期应用是非食品领域，用于生产陶瓷、钢铁和超合金，以制作高速硬质合金刀具。高静压在这些方面的应用主要涉及以惰性气体为压媒，压力和温度分别达到100MPa和1000℃。另一应用流体静挤压，采用的静压力为130～270MPa，依靠这种压力使物料经过模孔形成长形产品。此法与一般食品挤压类似，只是工作材料为金属，工作压力更高而已。此外，还有新型合成材料如人造金刚钻、多晶立方体氢化硼等在高压条件下生产，温度为 1600℃，压力为 400MPa。

最早研究将很高的流体静压应用于食品保藏的是 Hire，但他的研究工作并未引起人们的密切关注。此后，研究高压影响完整细胞的工作多半集中在生物界常遇压力下的微生物方面。如海洋 11000m 深处细菌的生长情况，这里压力达到 100MPa。众所周知，有的细菌极耐静压，如有的脱硫弧菌能够迅速使硫酸盐还原，且在 100MPa 的压力下仍能生长。与耐高压的情况相反，0.2MPa 的低压力能杀死海洋中的适盐细菌（Halobacterium），这不过是个别特殊情况，多数微生物是能够耐流体静压的。这也就是说它们能够耐受高压，但通常在常压下生长最好。

### （二）高压对细胞形态的影响

极高的流体静压会影响细胞的形态。胞内的气体空泡在 0.6MPa 压力下会破裂。埃希大肠杆菌的长度在常压下为 1~2μm，而在 40MPa 下为 10~100μm。对于能动的微生物，特别是原虫，运动的停止直接与高压引起的结构变化有关。这种现象还与菌种有关，而且往往是可逆的。多数微生物在解除压力后会返回到正常形状重新开始运动。

### （三）高压对细胞生物化学反应的影响

按照化学反应的基本原理，加压有利于促进反应朝减小体积的方向进行，推迟了增大体积的化学反应。由于许多生物化学反应都会产生体积上的改变，所以加压将对生物学过程产生影响。按照绝对速率过程理论（absolute theory of rate process），反应的进行要经过某种活化的状态，这种状态区别于初态和终态在于活化自由能 $F^*$。对于一个定温定压过程，如下的热力学关系使用：

$$F^* = H^* - TS^* + PV^*$$

式中 $H$——焓；

$T$——温度；

$S$——熵；

$P$——压力；

$V$——容积。

显然，活化自由能 $F^*$ 的表达式中含有容积一项，表明活化状态将涉及容积的膨胀或收缩。由此可见，加压将影响反应速率。

加压阻碍放热反应的进行，而放热反应又会使细胞的活力降低。压力对反应物系产生影响主要通过两方面，即减小有效分子空间和加速链间反应。凡是受压力强烈影响的反应往往是反应物和反应产物的可电离基团数目有差异的反应。电荷数不改变时，反应大体与压力无关。反应物系为水溶液的情形，容积减小往往是解离反应产生离子化基团数目增多的原因。这种情况通常是水在离子周围的电致伸缩作用引起的。加压的结果将隔离静电的交互作用，从而有更多的离子与水相接触。例如，25℃纯水的 pH 值从常压下的 7.00 变到 100MPa 下的 6.27。这引起了容积的变小。

凡是对保持生物聚合物天然状态有利的化学键都会受压力的影响。氢键的形成伴随着容积的减小，所以加压必有利于氢键的形成。长期以来，人们知道施加高压蛋白质会变性，可是在低压和中等压力（<100MPa）下，蛋白质变性速率由于氢键的压致增加而减慢，因为氢键增强与多肽螺旋结构的保持是直接相关的。

压力还会影响疏水的交互反应。压力低于 100MPa 时，疏水交互反应导致容积增大，以致反应中断。但是超过 100MPa 后，疏水交互反应将伴随容积减小，而且压力将趋向于使反应稳定。由此可见，蛋白质的疏水或亲水程度将决定在任何给定压力下的蛋白质变性程度。

如果压力导致蛋白质变性的解释是天然状态蛋白质结构的伸展（与热变性相似），那么其结果必然是容积增大。但 Suzuki 却提出蛋白质分子的伸展也不一定涉及容积的增大，因为反应系统的总体积还有可能因电致伸缩而减小。电致伸缩是在压力致使蛋白质分子内部离子键断裂、暴露更多离子化基团时发生的。有测定表明，蛋白质在水中的伸展实际上只能使蛋白质的容积减少 2%。肽键的伸展使大量的非极性残基与水接近。随着残基接触水偶极分子，分子间距离变短，从而容积变小。另外，在缠结的蛋白质分子中，氨基酸残基不是紧密靠拢的，因为受到由链角和键长不变所决定的条件的严格制约。水合蛋白质伸展时，水分子不受限制地填入氨基酸残基，因而容积便减小。

压力对微生物的抑制作用还可能是由于压力引起主要酶系的失活。一般来说，100~300MPa 压力引起的蛋白质变性是可逆的，超过 300MPa 引起的变化则是不可逆的。酶的压致失活的根本机制：

（1）改变分子内部结构；

（2）活性部位上构象发生变化。

这些压致效应又受 pH 值、底物浓度、酶亚单元结构以及温度的影响。由于压力对同一细胞内部的不同酶促反应所产生的影响不同，因此在有关机制问题上有可能引起混淆。例如，大肠杆菌的天冬酶活性由于加压而提高，直至达到 68MPa 的压力，而在 100MPa 下，活性将消失。但是，大肠杆菌的琥珀酸脱氢酶活性在 20MPa 时会降低。大肠杆菌的甲酸、琥珀酸、苹果酸脱氢酶的活性在相应的压力下并不相同。在 120MPa 和 60MPa 时，甲酸脱氢酶和苹果酸脱氢酶的活性相差不明显，而琥珀酸脱氢酶的活性在常压和 20MPa 压力之间明显呈线性下降。在 100MPa 时，这三种酶基本上都失去活性。另外，脱氢酶的这些耐压性差别也将随菌种、菌株而变。

从米曲霉中得到的高峰淀粉酶（TAA）在 940MPa 下 10min 失去活性，而当压力解释后，活性将有相当程度的恢复。高峰淀粉酶长时间处于高压而失去的活性，有可能靠相当低压力下的再压缩而得到恢复。活性恢复程度取决于高峰淀粉酶的初始浓度，而且在 80~100MPa 下恢复情况最佳，一旦超过 120MPa，活性恢复将随压缩时间延长而逐渐下降。显然，变性使摩尔体积增大，而恢复天然性质使摩尔体积减小。中等压缩可以使得因加压而伸展开来的蛋白质重新恢复缠结。伸展的高峰淀粉酶在超过 120MPa 时，可能发生不利于复原的不可逆构象变化。由此可见，活性的恢复取决于分子初始受扭曲变形的程度。

### （四）高压对微生物基因机制的影响

核酸对剪切虽然敏感，但耐受流体静压力则远远胜过蛋白质。当施加的压力高达 1000MPa 时，鲑鱼精子和小牛胸腺的脱氧核糖核酸（DNA）天然结构在 25~40℃下 60min 不发生变化。

枯草杆菌的 DNA 溶液（0.002%~0.04%，pH 值为 4.8~9.9）在室温和高达 1000MPa 压力下也不变性。实际上，270MPa 压力对热变性具有稳定作用，这也许是压力抵消了伴随热变性而来的容积增大所致。由于 DNA 螺旋结构大部分来自氢键形成，所以压力上升必然有利于氢键形成时所固有的容积变小作用。DNA 与蛋白质两者之间耐压的差异可能就是这种分子内部高度氢键结合的结果。尽管 DNA 在压力下有这种稳定性能，但由酶中介的 DNA 复制和转录步骤却因压力而中断。

对于蛋白质合成，核蛋白体-多核蛋白体系统以及 t 核糖核酸与多核蛋白体的结合方面据推测有两个位置上有可能对压力敏感。在压力作用下核蛋白体会变形，因而抑制了它与 m 核糖核酸的连接。核蛋白体连接上去的 m 核糖核酸也许使核蛋白体亚单元变成不受压力的影响从而使分解作用减小。多核蛋白体是核蛋白体与核糖核酸的生物缔合产物，它的压力敏感性与单独的核蛋白体相似，但其亚单元的缔合作用则远远减小。m 核糖核酸本身据推测由于它在亚单元之间起止动作用而抑制了缔合作用。

在细菌中，30s 核蛋白体亚单元决定了核蛋白体对压力敏感的程度。50s 亚单元似乎在不同属细菌的功能上是相同的，因而在限制压力效应上不起明显的作用。另外，在压力作用下核蛋白体亚单元的稳定性还受环境离子的影响。例如，大肠杆菌的核蛋白体在较高和较低离子浓度下是静压敏感的，荧光假单胞菌在任何离子浓度下都是耐静压的，深海假单胞菌只在高离子浓度下耐流体静压。众所周知，核蛋白体需要 $Mg^{2+}$ 才会稳定，才会有活性。

### （五）高压对细胞膜壁的影响

细胞膜使胞内物质与周围环境相隔离，因而也就在细胞传输方面起着重要的作用，同时还起着呼吸方面的作用。如果细胞膜是极其可透的，细胞便面临死亡。细胞膜的主要成分是磷脂和蛋白质，其结构靠氢键和疏水键来保持。在压力作用下，细胞膜的双层结构的容积随着每一磷脂分子横切面积的缩小而收缩。加压的细胞膜常常表现出通透性的变化。在核蛋白体中，钾和钠的流出随压力升高超过 40MPa 而呈线性下降。压力引起的细胞膜功能劣化将导致氨基酸摄取受抑制，原因可能是蛋白质在膜内发生变性。一般认为，对于微生物，压力引起损伤的前沿部位便是细胞膜。

细胞壁赋予微生物细胞以刚性和形状。20～40MPa 的压力能使较大的细胞因受应力的细胞壁的机械断裂而松解。这也许对真菌类微生物来说是主要的因素。而真核微生物一般比原核微生物对压力较为敏感。

### （六）影响高压杀菌的主要因素

在高压杀菌过程中，对不同的食品对象采用不同的处理条件，这主要是由于食品的成分及组织状态十分复杂，食品中的各种微生物所处的环境的不同，因而耐压的程度也就不同。一般地，影响高压杀菌的主要因素有以下几点。

#### 1. pH值对高压杀菌的影响

在压力作用下，介质的pH值会影响微生物的生长。根据研究报道，一方面压力会改变介质的pH值，且逐渐缩小微生物生长的pH值范围。例如，在680个标准大气压下，中性磷酸盐缓冲液的pH值将降低0.4个单位。另外，在大气压下，pH值为9.5时，Streptococcus faecalis的生长受抑制，而在40MPa下，pH值为8.4时即可使之受抑制。Serratia marcescens在0.1MPa下，pH值为10.0时被抑制，而在40MPa下，pH值为9.0时使之生长受抑制。这可能是因为压力影响细胞膜ATPase之故。另一方面，在食品允许范围内，改变介质pH值，使微生物生长环境劣化，也会加速微生物的死亡速率，使高压杀菌的时间缩短或降低所需压力。

#### 2. 温度对高压杀菌的影响

根据研究，在低温或高温下，高压对微生物的影响加剧。这主要是由于微生物对温度具有敏感性。因此在温度作用的协同下，高压杀菌的效果可大大提高。

大多数微生物在低温下的耐压程度降低，主要是由于压力使得低温下细胞内因冰晶析出而破裂的程度加剧，所以低温对高压杀菌有促进作用。

对一定浓度糖液在不同温度下进行高压杀菌，在同样的压力下，杀死同等数量的细菌，则温度高的所需杀菌时间短。因为在一定温度下，微生物中蛋白质、大肠杆菌的影响酶等成分均会发生一定程度变性，因此，适当提高温度对高压杀菌也有促进作用。

#### 3. 微生物生长阶段对高压杀菌的影响

微生物对高压的耐受性随其生长阶段不同而异。许多研究表明，微生物在其生长期，尤其是对数生长早期，对压力更敏感。例如，对大肠杆菌在100MPa下杀菌，40℃时需12h，而在30℃时需36h，在20℃时需124h，才能杀死。这主要是因为大肠杆菌的最适生长温度在37~42℃，在生长期进行高压杀菌，所需时间短，杀菌效率高。又如，Bacillus spp. 芽孢在100~300MPa下的致死率高于11800MPa下的致死率，是因为在100~300MPa下诱发芽孢生长，而生长的芽孢对环境条件更为敏感。从这个意义上讲，在微生物最适合生长温度范围内进行高压杀菌，可提高杀菌效率。

#### 4. 食品成分对高压杀菌的影响

食品的成分十分复杂且组织状态各异，因而对高压杀菌的影响情况也非常复杂。一般地，当食品中富含营养成分或含高盐高糖时，其杀菌速率均有减慢的趋势。这大概与微生物的高耐压性有关。

## 二、高压杀菌装置

在食品加工中采用高压处理技术，关键是要有安全、卫生、操作方便的高压装置。高压装置的性能及生产制造的可靠性很大程度上决定了该技术的推广应用前景。为此，科学工作者进行了不懈的努力，不断研究、设计、制造具有良好性能的高压处理设备。目前，适用于工业生产规模的高压设备已经问世。

### （一）高压处理装置及分类

高压处理装置主要由高压容器、加压装置及其辅助装置构成。按加压方式分，高压处理装置有直接加压式和间接加压式两类。

### （二）高压容器

食品的高压处理要求数百兆帕的压力，故压力容器的制造是关键，它要求特殊的技术。通常压力容器为圆筒形，材料为高强度不锈钢。为了达到必需的耐压强度，容器的器壁很厚，这使设备相当笨重。最近有改进型高压容器产生，在容器外部加装线圈强化结构。这与单层容器相比，线圈强化结构不但安全可靠，而且使装置轻量化得以实现。

### （三）辅助装置

高压处理装置系统中还有许多其他装置，包括测量仪器。辅助装置主要包括：

（1）高压泵：无论是直接加压方式还是间接加压方式，均需采用油压装置产生所需高压。前者还需高压配管，后者则还需加压气缸；

（2）恒温装置：为了提高加压杀菌的作用，可采用温度与压力共同作用的方式。为了保持一定温度，在高压容器外做了一夹套结构，并通以一定温度的循环水。另外，压力介质也需保持一定温度。因为高压处理时，压力介质的温度也会因升压或减压而变化，该温度的控制对食品品质的保持是必要的；

（3）测量仪器：包括热电偶测温计，压力传感器及记录仪、压力和温度等数据可输入计算机进行自动控制，还可设置电视摄像系统，以便直接观察加工过程中物料的组织状态及颜色变化情况；

（4）物料的输入输出装置：由输送带、提升机、机械手等构成。

### （四）高压杀菌操作

按操作方式分，有间歇式、连续式和半连续式三种。由于高压处理的特殊性，连续操作较难实现。目前工业上采用的是间歇式和半连续式两种操作方式。只有在升压时主驱动装置才工作，这样主驱动装置的开机率很低，浪费了设备投资。因此，生产上将多个高压容器组合使用，这样主驱动装置的运转率可提高，同时提高了生产效率，降低了成本。采用多个高压容器组合后的装置系统，实现了半连续化的生产方式，即在同一时间不同容器内完成从原料充填、加压处理、卸料的加工全过程。

## 三、高压杀菌技术在食品工业中的应用

### （一）高压对食品营养成分的影响

传统的食品加工方法主要采用热处理，因此食品中热敏性的营养成分易被破坏，而且热加工使得褐变反应加剧，造成色泽的不佳，食品中挥发性的风味物质也会因加热而有所损失。而采用高压技术处理食品，可以在灭菌的同时，较好地

保持食品原有的色、香、味及营养成分。

1. 高压对蛋白质的影响

高压使蛋白质变性，其解释是由于压力使蛋白质原始结构伸展，导致蛋白质体积的改变。例如，如果把鸡蛋放在常温的水中加压，蛋壳会破裂，其蛋液呈羊羹一样稍有黏稠的状态，它和煮鸡蛋中的蛋白质热变性一样不溶于水，这种凝固变性现象可称为蛋白质的压力凝固。无论是热力凝固还是压力凝固，其蛋白质的消化性都很好。但加压鸡蛋和未加压前一样鲜艳，口感仍是生鸡蛋味，且维生素含量无损失。

酶是蛋白质。高压处理对食品中酶的活性也是有影响的。例如，在对甲壳类水产品进行高压处理时，高压使水产品中的蛋白酶、酪氨酸酶等失活，减缓了酶促褐变及降解反应。但是，压力也具有增强酶活力的作用。例如，切片的马铃薯、苹果和洋梨在压力较低时，可激活组织中的多酚氧化酶，导致褐变发生。若加压到 400MPa 以上，则酶的活性逐渐丧失。由此可见，与迅速加热使酶失活一样，加压速率也应提高，以达到快速钝化酶的目的。

使蛋白质发生变性的压力大小依不同的物料及微生物特性而定，通常在 100 ~600MPa 范围内。

2. 高压对淀粉及糖类的影响

高压可使淀粉改性。常温下加压到 400~600MPa，可使淀粉糊化而呈不透明的黏稠糊状物，且吸水量也发生改变。原因是压力使淀粉分子的长链断裂，分子结构发生改变。根据研究报道，对蜂蜜进行高压杀菌处理，结果发现在微生物致死的情况下，对糖类几乎没有影响。

3. 高压对油脂的影响

油脂类耐压程度低，常温下加压到 100~200MPa，基本上变成固体，但解除压力后固体仍能恢复到原状。另外，高压处理对油脂的氧化有一定的影响。

4. 高压对食品中其他成分的影响

高压对食品中的风味物质、维生素、色素及各种小分子物质的天然结构几乎没有影响。例如，在生产草莓等果酱时，可保持原果的特有风味、色泽及营养。在柑橘类果汁的生产中，加压处理不仅不影响其营养价值和感官质量，而且可以避免加热异味的产生，同时还可抑制榨汁后果汁中苦味物质的生成，使果汁具有原果风味。

### （二）高压处理在肉制品加工中的应用

许多研究人员采用高压技术对肉类制品进行加工处理，发现与常规加工方法相比，经高压处理后的肉制品在柔嫩度、风味、色泽及成熟度方面均得到改善，同时也增加了保藏性。例如，对廉价质粗的牛肉进行常温 250MPa 处理，结果得到嫩化的牛肉制品。300MPa、10min 处理鸡肉和鱼肉，结果得到类似于轻微烹饪的组织状态。

### （三）高压处理在水产品中的应用

水产品的加工较为特殊，产品要求具有水产品原有的风味、色泽、良好的口感与质地。常规的加热处理、干制处理均不能满足要求。研究表明，高压处理可保持水产品原有的新鲜风味。例如，在 600MPa 下处理 10min，可使水产品中的酶完全失活，其结果是对甲壳类水产品外观呈红色，内部为白色，并完全呈变性状态。细菌量大大减少，但仍保持原有生鲜味，这对喜食生水产制品的消费者来说极为重要。高压处理还可增大鱼肉制品的凝胶性，将鱼肉加 1%及 3%的食盐擂溃，然后制成 2.5cm 厚的块状，在 100～600MPa、0℃处理 10min，用流变仪测凝胶化强度。在 400MPa 下处理，鱼糜的凝胶性最强。

### （四）高压处理在果酱加工中的应用

在生产果酱中采用高压杀菌，不仅使水果中的微生物致死，而且还可简化生产工艺，提高产品品质。这方面最成功的例子是日本明治屋食品公司，该公司采用高压杀菌技术生产果酱，如草莓、猕猴桃和苹果酱。他们采用在室温下以 400～600MPa 的压力对软包装密封果酱处理 10～30min，所得产品保持了新鲜水果的口味、颜色和风味。

### （五）高压处理在其他方面的应用

由于腌菜向低盐化发展，化学防腐剂的使用也不受欢迎。因此，对低盐、无防腐剂的腌菜制品，高压杀菌更显示出其优越性。高压（300~400MPa）处理时，可使酵母或霉菌致死，既提高了腌菜的保存期又保持了原有的生鲜特色。

最近的研究已经涉及压力用于改变或改善食品的某些特性。例如，Hayashi等就成功地在200MPa下处理乳清，使酶解的β-乳球蛋白（β-Lg）沉淀，且这种沉淀是选择性的，即只沉淀β-Lg，而不沉淀α乳白蛋白（α-La），后者正是配制婴儿改性乳所需要的蛋白质。另外，采用高压技术，包括选择性地去除蛋白质在内的其他例子是：

（1）肉制品加工中副产品血红蛋白的脱色；

（2）特殊蛋白质的脱臭；

（3）用特定的蛋白酶增溶或改性鱼蛋白；

（4）其他潜在的应用包括食品功能性的改进等。

## 第四节　臭氧杀菌技术

食品安全最大的问题是微生物污染，而微生物的污染常常用热杀菌或防腐剂解决。但是，热杀菌破坏活性物质、营养成分和质构，增加营养成本；防腐剂的残留问题备受消费者关注。因此，超高压、辐照、高压脉冲电场等冷杀菌技术应运而生，在众多的冷杀菌技术中臭氧杀菌独树一帜。

臭氧因其强氧化能力对包括细菌芽孢在内的各类微生物有极佳的杀灭效果，其广谱的抗菌作用已经在多种微生物上得到了证实，包括革兰氏阳性和革兰氏阴性微生物及细菌孢子，且灭菌过程无温变、无残留。因此，臭氧处理既能改善食品的微生物安全性，又能延长其保质期，且基本上不改变产品的营养、化学和物理性质，因而受到学术界和企业界的关注。

### 一、臭氧杀菌原理

#### （一）臭氧的物理性质

臭氧（ozone），分子式为$O_3$，又称三原子氧、超氧，相对分子质量为47.

998，因其类似鱼腥味的臭味而得名，在常温下可以自行还原为氧气。臭氧比重比氧大，微溶于水，易分解。由于臭氧是由氧分子携带一个氧原子组成的，决定了它只是一种暂存状态，携带的氧原子除氧化用掉外，剩余的又组合为氧气进入稳定状态，所以臭氧没有二次污染。

臭氧存在于大气中，靠近地球表面的浓度为0.001～0.03mL/L，是由大气中氧气吸收了太阳的波长小于185nm紫外线后生成的。臭氧层可吸收太阳光中对人体有害的短波（30nm以下）光线，防止这种短波光线射到地面，使人类免受紫外线的伤害。

在常温常压下臭氧为气体，其临界温度为-12.1℃，临界压力5.31MPa。气态时为浅蓝色；液态臭氧呈深蓝色，密度1.614g/$cm^3$（液，-185.4℃），沸点-111.9℃；固态臭氧呈蓝黑色，熔点-192.7℃，分子呈V形，不稳定。

臭氧在空气中稳定性极差，可分解为氧气，温度越高，湿度越大，分解越快；而臭氧在164℃以上或有催化剂存在时，或用波长为25nm左右的紫外线照射时会加速分解成氧气。臭氧气体难溶于水，其溶解度是氧气的13倍，空气的25倍，不溶于液氧，但可溶于液氮及碱液。

臭氧微溶于水后形成强氧化剂，臭氧的氧化电势为2.7V，是自然界中存在的仅次于氟（3.03V）的强氧化剂，相同浓度下臭氧杀菌能力为氯化物的600倍。

吸入少量臭氧对人体有益，吸入过量会刺激呼吸道，导致呼吸道水肿。国际臭氧协会安全标准为在0.01mg/kg浓度下可接触10h。

### （二）臭氧的灭菌特性

臭氧分子是微生物的主要灭活剂，由于臭氧在水相和气相中的不稳定性，可分解出羟基、氢过氧化物和超氧化物等自由基，臭氧分解过程中产生的高反应副产物是潜在灭菌活性的来源。臭氧对细菌的灭活原理涉及对细胞膜成分（蛋白质、不饱和脂肪酸）、细胞包膜（肽聚糖）、细胞质（酶、核酸）、孢子外壳和病毒衣壳（蛋白质和肽聚糖）的攻击。

臭氧灭活微生物有两种机理：其一是臭氧分子与细菌细胞壁的脂类双键发生氧化反应，穿入菌体内部与脂多糖和脂蛋白相作用，改变细胞通透性导致胞内物质外流，细菌溶解死亡，称之为“细胞消散”；其二是臭氧分子氧化分解甘油磷酸脱氢酶，影响糖酵解途径，破坏细菌的物质代谢及繁殖过程；同时由于微生物的酶系统中富含巯基，臭氧进入细胞内部后极易与巯基发生氧化反应，生成醛类，从而使微生物快速失活。因此，臭氧对细菌的连续性损伤，使细菌细胞的 DNA 结构被破坏，导致新陈代谢紊乱，这其中膜屏障的破坏是导致继发性 DNA 损伤的最主要因素，最终导致细胞死亡。

### （三）微生物对臭氧的敏感性

臭氧对多种微生物具有杀灭作用，包括革兰阳性菌和革兰阴性菌以及孢子和营养细胞，其中革兰阳性菌包括单核细胞增生李斯特菌、蜡状芽孢杆菌、金黄色葡萄球菌、粪肠球菌；革兰阴性菌包括铜绿假单胞菌、小肠结肠炎耶尔森菌以及白色念珠菌、白酵母、黑曲霉菌、灰霉菌等，并且革兰阳性菌（单核细胞增生李斯特菌）在臭氧水中暴露比革兰阴性菌（大肠杆菌、小肠结肠炎耶尔森菌）更敏感。但是，也有研究认为革兰阴性菌比革兰阳性菌更具臭氧抗性，因为它们的细胞壁中的肽聚糖含量较高。与细菌类似，霉菌种类也对臭氧有不同的敏感特征，如意大利青霉菌受臭氧影响较大，而指状青霉菌具有抗性。微生物对不同的臭氧形式敏感性也不同，如臭氧气体比臭氧水更能有效地减少毒素，但臭氧水在霉菌失活方面效果更显著。

### （四）臭氧浓度检测方法

检测臭氧浓度的样品主要以气体或水溶液的形式存在，检测方法可分为非溶液（干）法和溶液法两类。臭氧浓度检测方法大致可分为物理方法、物理化学方法与化学方法，在 1969 年出版的分析化学系列丛书中列出的方法有 20 多种。早期检测臭氧经典的方法有碘化钾氧化还原法和靛蓝二磺酸钠褪色法。随着科学技术的不断进步，1970 年后出现了许多和电子技术紧密相关的分析方法，如氧化还原电化学法、热敏法、化学发光法以及紫外光谱法。1983 年国际臭氧协会批准了使用碘量滴定法测定臭氧含量。沿袭至今普遍使用的检测方法仍是早期使用的碘量滴定法、靛蓝褪色反应法以及二已基对苯二胺（DPD）方法。

## 二、臭氧气的制备与应用

### （一）臭氧气的制备方法

人工制备臭氧的方法有紫外线法、高频高压电晕法和电解法。紫外线法是利用波长短于200nm 的紫外线使空气中的氧分子电离而产生臭氧，该方法所得臭氧浓度低，且可能产生氮氧化物，能产生臭氧的最大质量分数为 0.1%（干基质量比）。高频高压电晕法是通过板式放电、管式放电或低温等离子体沿面放电技术，将氧气或空气经干燥等预处理后，送入高频高压放电室电离产生含臭氧和氮氧化物的混合气体。通过模拟大自然闪电作用，利用放电电离获得质量分数为 1.5%的臭氧混合气体，但采用该方法产生 6.81g 臭氧混合气体需消耗电量 7kW · h。

电解法是利用低压直流电电解水，使其在特制阳极水界面失去电子，氧化产生臭氧；该方法产生的臭氧纯度高，且不产生任何氮氧化合物等有害物质。20 世纪 80 年代，拥有自主知识产权的国产低压电解式臭氧发生技术的诞生，为臭氧的应用打开了一扇大门。该技术可通过阴、阳电极电解纯水连续制取臭氧，所产生臭氧纯度可达 25%以上，且不含氮氧化合物，设备简单可控，能耗低，并有成熟的配套技术（高效气-液混合技术、臭氧回收分解、氢气分解等），使高浓度臭氧水的制备成为现实。

### （二）臭氧在食品杀菌中的应用

臭氧是世界公认的广谱、高效杀菌剂。目前在许多国家和地区臭氧的应用很广泛，如应用在饮用水消毒、医用水消毒、污水处理、食品厂和药厂空气消毒、造纸漂白等行业和领域；一些小型的民用臭氧电器产品已走进了人们的日常生活中。在一定浓度下，臭氧可迅速杀灭水中和空气中的细菌，更重要的是臭氧在杀菌后还原成氧，因此是一种绿色环保的消毒剂。

## 三、臭氧水的制备与应用

### （一）臭氧水的制备方法

臭氧在水中的溶解度与水温、pH 值、气体压力、水的纯度及与水的接触时间等因素有关。理论上，纯臭氧在0℃水中的溶解度可达1372mg/kg；但在实际应用中，由于臭氧发生器输出的臭氧气体中混合着氧气或空气，导致臭氧在水中的溶解度大幅降低。当水中臭氧气泡越小，与水的接触面越大，越有利于臭氧的溶解稳定性，当气泡直径≤2μm时，臭氧在水中能达到最优的溶解效果。

水温是影响臭氧溶解度的主要因素。臭氧溶解速率随着混配水温的上升而下降，当水温在0.5~43.0℃时，溶解速率和水温呈负相关关系。所以，低温有利于臭氧的溶解，且水温是影响臭氧在水中溶解能力和半衰期的主要因素。实验表明，当利用4℃的去离子水（pH=6.5）调节水温时，发现随着水温的升高，水中臭氧浓度快速降低，0℃水中的臭氧半衰期为40min，40℃时降低为3min。

水质也是影响臭氧溶解度的重要因素。水的纯度越高，臭氧的溶解度越高，因为在水溶液中臭氧会以游离态与有机化合物反应，从而加速臭氧的降解。而且臭氧在水中会不断降解，在20℃蒸馏水中臭氧半衰期为20~30min，水质越纯净，水中的臭氧的稳定性越好。

水的pH值对臭氧溶解度的影响非常微妙。臭氧在酸性溶液中更稳定，当pH=3时，稳定性最佳，但当pH<3时，由于酸的催化作用臭氧的分解反而加快；而在碱性环境下，由于OH-的催化作用，臭氧极易分解。此外，长沙理工大学的研究人员在试验过程中发现将臭氧水-臭氧气体进行循环混合可以显著提高臭氧水中臭氧浓度，第一次循环可使臭氧浓度提升30%左右。通过对臭氧水制备条件（水流量、水温、水质以及添加物等）优化，可制成浓度达50mg/kg以上的臭氧水，将其置于-78℃超低温冰箱中，制取的臭氧冰中臭氧浓度高达12mg/kg。

### （二）臭氧水在食品杀菌中的应用

臭氧水在水产品保鲜中的应用研究，早在1936年，国外就用臭氧水洗涤鱼类及对贝类进行消毒净化。臭氧水可对瓜果蔬菜、海产品、肉类进行杀菌消毒，防腐保鲜，清除异味。

## 四、臭氧冰的制备与应用

### （一）臭氧冰的制备方法

早期，鲑鱼和鱿鱼是美国及海外地区主要的渔业资源，人们为了提高鱼类的货架期，开始设想臭氧冰对新鲜鱼的保鲜，初期实验是用塑料瓶盛装臭氧水置于-80℃下冷冻成臭氧冰，其在热碘化钾溶液中融化时散发出臭氧的特殊气味，如此发现臭氧在冰中能够稳定存在，并随着冰块融化缓慢释放。臭氧冰在-18℃的贮藏过程中，初始时冰中臭氧浓度会有明显的降低而贮藏5~30d时，冰的臭氧浓度基本能维持稳定不变。臭氧含量越高的臭氧冰，常温下释放的臭氧浓度也越高。

流速为2t/h的低温水（3℃）与流速为40g/h的臭氧在0.45MPa的压力下充分混合制成臭氧水，使用臭氧浓度在线监测传感器调整臭氧发生器的驱动电流和驱动频率，使臭氧水中臭氧浓度保持在149~150mg/kg；预先制成的臭氧水输入冷冻模具中，在-10℃的冷冻设备中进行初步成型，使其表面在120s内快速形成臭氧冰膜，膜的体积占臭氧水总体积的3%，再将初级臭氧冰输送至另一冷冻设备中，在低于-20℃下冷冻2h，然后在-25℃下冷冻1h进行包装，最后在-30℃下冷冻5h形成成品臭氧冰，该臭氧冰中臭氧浓度为13~14mg/kg。

实验表明，在水的pH=4.0，水温接近0℃，臭氧气体流量2.5L/min，混合泵出水压力0.2MPa的条件下进行循环混合，能制出含臭氧115.3mg/kg的高浓度臭氧水，然后用快速制冰机可制出含臭氧量高达16.7mg/kg的臭氧冰。

水温越低，臭氧水冻结速率越快，臭氧的损失越小，用液氮（-196℃）制备的臭氧冰浓度最高。

### （二）臭氧冰在食品保鲜中的应用

#### 1. 在水产品保鲜中的应用

臭氧冰在其融化过程中缓慢释放臭氧，对鱼、虾等体表细菌的生长产生抑制作用，从而在水产品保鲜中得到应用。使用臭氧预处理活罗非鱼后，使其货架期延长了12d，并且在0℃下储存30d能明显改善罗非鱼的质量特性。另外，当使用2mg/kg的臭氧冰处理的墨鱼和鲑鱼6d后，样品细菌总数比普通冰降低了4log（CFU/g）。国内学者使用5mg/kg臭氧冰对南美白对虾和罗非鱼进行保鲜研究，发现其菌落总数比普通冰处理减少91%，且能减缓挥发性盐基氮（TVB-N）的升高，保鲜期延长3~5d。另外，在2℃条件下，用3.53mg/kg的臭氧冰保鲜鱿鱼，发现能有效减缓pH值的回升，抑制细菌菌落总数的增加，感官品质明显提升，延长货架期 4~5d；同时发现，浓度为 0.51mg/kg 的臭氧冰对鱿鱼的保鲜效果较普通冰差异不明显。但是，通过比较 0.89mg/kg 臭氧冰冰埋和普通冰冰埋对东海白鲳的效果，发现在这个浓度下的臭氧冰能延长东海白鲳货架期 1~2d。臭氧冰的使用不仅解决了臭氧的保存与运输等问题，也为水产品保鲜提供了新的途径。

在臭氧杀菌技术的基础上，将臭氧与流化冰结合，可以充分发挥出这两种技术各自的优势。例如，将臭氧注入流化冰（水 60%、冰 40%）中，制成臭氧浓度为 0.1mg/kg 的臭氧流化冰保鲜大头鱼，通过凝胶电泳和电镜扫描结果，发现臭氧流化冰能够有效地延迟大头鱼肌原纤维蛋白的降解和减少微结构的劣化，臭氧流化冰保鲜大头鱼的货架期为 18d，比普通片状冰和流化冰分别延长 9d、3d。通过比较不同浓度的臭氧流化冰对梅鱼的影响，发现用（0.82±0.04）mg/kg 的臭氧流化冰处理的梅鱼 pH、挥发性盐基氮值、硫代巴比妥酸（TBA）值和过氧化值（POV）都处于较低水平，且能减缓梅鱼的肌原纤维蛋白的盐溶性、巯基含量和活性下降速率，臭氧流化冰处理的梅鱼比碎冰处理延长货架期 9d。最后，采用臭氧流化冰（0.17mg 臭氧/kg，水 60%、冰 40%）分别对沙丁鱼和比目鱼（鱼和冰的质量比为 1∶1）进行冷藏保鲜（2℃）。与流化冰和普通冰相比，臭氧流化冰可以减缓冷藏沙丁鱼肉挥发性盐基氮值与三甲胺氮（TMA-N）值的上升，其货架期为 19d，分别比传统冰和流化冰延长了 11d、4d；臭氧流化冰处理还能明显降低比目鱼冷藏期间的菌落总数和三甲胺氮值，使其货架期从 7d 延长至 14d。进一步采用同样的方法保鲜帆鳞鲆，臭氧流化冰对样品的菌落总数、pH、挥发性盐基氮、三甲胺氮等指标均有显著性影响（$P<0.05$），产品的冷藏货架期从 14d 延长至 20d。由此可见，将臭氧与流化冰结合用于水产品的保鲜不仅可以有效地降低水产品的菌落总数，而且能够延缓水产品贮藏过程中 pH 值和挥发性盐基氮的上升，减缓其蛋白质的变性降解，抑制肌肉组织的劣变和质地软化，保护蛋白质的空间结构不受破坏，有效保持感官品质，显著延长水产品的货架期。

### 2. 在果蔬产品保鲜中的应用

臭氧冰在果蔬保鲜中的应用主要采用臭氧冰膜包裹的方式，而臭氧冰膜的形成是通过将产品放入已制成的臭氧水中浸泡后取出，在其表面形成一层臭氧水水膜，再将其置于湿冷环境中又会迅速形成一层臭氧冰膜。

在水果类产品保鲜领域，常常以冬枣为研究对象，发现2.0~3.0mg/kg的臭氧冰膜包裹处理可抑制多酚氧化酶（PPO）活力的升高，推迟多酚氧化酶活力高峰的出现，有效保持果实硬度和维生素C含量，显著抑制总糖含量、乙醇含量的升高和果实的转红，从而延缓果实的采后衰老和酒化变软，同时还可以延缓营养成分的散失。另外，在（−1.5±0.5）℃条件下，使用2.5mg/kg臭氧冰膜处理新鲜无花果能够显著提高过氧化物酶（POD）、过氧化氢酶（CAT）和超氧化物歧化酶（SOD）的活力，抑制$O_2$产生的速率，延缓$H_2O_2$和丙二醛（MDA）含量的积累，从而降低无花果贮藏过程中活性氧的产生，延缓无花果的成熟和衰老。

在蔬菜保鲜领域，未处理前芹菜的大肠菌为23000CFU/g，当使用浓度为9.7mg/kg的臭氧冰融化后的臭氧水浸泡30min后，大肠菌仅剩140CFU/g，降低了两个数量级。另外，使用（1.81±0.08）mg/kg的臭氧冰分别在（26.0±1.0）℃、（10.0±0.5）℃、（0.0±0.5）℃温度下对香菇进行贮藏，在这3种贮藏温度下，臭氧冰处理均能有效地抑制香菇的呼吸强度，延缓维生素C和可溶性固形物（TSS）的下降及丙二醛、多酚氧化酶活力和细胞膜透性的升高，很好地保持了香菇的鲜度，延缓菇体衰老。

由此可见，臭氧冰既可以起到为果蔬提供冷源的作用，又能缓慢释放臭氧并利用其强氧化性，分解乙烯，抑制酶活力，杀灭微生物，从而延长果蔬贮藏期，具有双重保鲜作用。

### 3. *在禽类产品保鲜中的应用*

当利用臭氧处理大骨鸡时，发现臭氧会氧化鸡肉脂肪，使得鸡肉颜色变白，弹性变差，组织变粗，而R-多糖有利于鸡肉颜色的保持，于是可用0.12%R-多糖（复合防腐剂）溶液浸泡鸡肉，再用5mg/kg的臭氧冰对鸡肉保鲜，样品菌落总数可减少92.4%，降低了鸡肉的pH值，产品的货架期延长2d。同样，将鲜切鸡肉浸泡在含有30g臭氧冰的复合保鲜剂（山梨酸钾0.0075%、丙酸钙0.015%、R-多糖0.12%、尼森0.03%）中120s，在（3.0±0.5）℃下贮藏货架期可达12d。

臭氧冰在禽类产品保鲜中都结合复合保鲜剂使用，但相关的研究和应用较少，这与臭氧对禽肉类的漂白作用和过度氧化有关。此外，臭氧处理禽肉类，不仅可以去除禽肉中的腥味血污杂质，还会降低肌肉中的血红素，使得肌肉变白。但是在猪肉或牛肉中，在臭氧存在时肌肉中的亚铁血红素可被氧化为高铁肌红蛋白（MetMb）形成棕褐色；当肌肉中的还原性物质耗尽时，高铁肌红蛋白的褐色就成为主要色泽，所以减缓肉中氧合肌红蛋白向高铁肌红蛋白的转变，是保护色泽的关键所在。

### 五、臭氧杀菌技术展望

臭氧因其广谱的杀菌性质，在食品保鲜中具有显著优势。臭氧以水和冰为载体，可使臭氧的半衰期有效延长，有望为臭氧冷杀菌技术应用提供新的思路。臭氧及其臭氧水/冰的制造成本低廉，且需求量极大，仅以浙江舟山渔港为例，远洋捕捞制冰需求量就达到3000t/d，制取臭氧冰所需的成本仅比普通冰块的生产成本增加70~80元/t。随着中国速递行业的发展，生鲜食品的物流已经比较成熟，其市场容量也在迅猛扩张，以臭氧冰替代冰袋，成本增加极少，但可以大幅度提高生鲜食品的保鲜质量，延长保质期；传统海鲜餐饮门店也可以用臭氧冰替代普通碎冰，以延长海鲜的货架期。

臭氧冰在这个领域的应用还需要更多的基础研究和保鲜储运工艺参数支撑，也需要相应的耐强氧化包装材料以及低廉实用的保温箱支撑。这方面的基础研究尚处于起始阶段，需要加大研究力度。

目前，随着拥有自主知识产权的国产第三代低压电解式高浓度臭氧生成技术及系列装置的问世，使得臭氧技术从实验室走向市场成为可能，但臭氧水受到了即制即用的限制，而工业化生产臭氧冰也存在缺乏专用、快速、连续的制冰机械的技术瓶颈，解决这些难题需要多学科联合才能促使臭氧技术的应用得以推广。

微生物污染是全球食品安全面临的首要问题，臭氧以其强氧化性质可以轻易地杀灭病毒及包括耐高温的芽孢杆菌在内的微生物而有望成为解决微生物污染的利器。但与所有的消毒技术一样，臭氧也不是万能的，需要与多种消毒技术联合使用，建立以减菌化为目的的栅栏技术，确保食品安全。

## 第五节　低温等离子体杀菌技术

食品冷杀菌保鲜包装技术是国际食品科学技术最新的发展方向之一，高压电场低温等离子体冷杀菌（cold plasma cold sterilization，CPCS）是目前国际上一种最新型的高效非热源性食品冷杀菌技术，利用食品周围介质产生光电子、离子和活性自由基团与微生物表面接触导致其细胞破坏而达到杀菌效果。目前，对于生鲜肉、新鲜果蔬销售及鲜切菜等热敏食品采用的杀菌包装技术，存在杀菌不彻底及产生二次污染的问题；尽管产品可采用冷链物流贮藏，但微生物仍能大量繁殖引起腐败变质，货架保鲜期短。此外，热杀菌对产品生鲜感官品质及营养成分的负面影响，不利于保持原有品质。为生鲜食品有效杀菌保鲜及延长货架保鲜期，开发高效冷杀菌和保鲜包装技术成为食品行业的必然趋势。

## 一、低温等离子体杀菌原理

### （一）低温等离子体冷杀菌概述

等离子体（plasma）是一种以自由电子和带电离子为主要成分的物质形态，广泛存在于宇宙中，被称为物质除固态、液态、气态之外存在的第四状态，也被称为“等离子态”；它由中性气体在一定电场强度激发诱导产生，按照粒子温度可以分为热平衡等离子体和低温等离子体（cold plasma）。随着等离子物理工程学的研究发展，低温等离子体可以在大气压条件下产生，从而使其具有很好的商业应用开发价值。低温等离子冷杀菌（CPCS）成为近年来国际食品物理场加工技术的热点领域、食品科学工程技术的最新发展方向之一。

### （二）低温等离子体冷杀菌机理

高压电场激发介质气体产生电子转移，形成光电子、离子和活性自由基团等低温等离子体，作用于微生物细胞的不同部位导致其细胞结构破坏而达到杀菌效果，其冷杀菌机理可从低温等离子体对细胞的蚀刻作用、细胞膜穿孔与静电干扰、大分子氧化三个方面解释。

#### 1. 蚀刻作用

蚀刻作用是指低温等离子体作用于微生物细胞导致某些生物大分子的化学键断裂，形成挥发性副产品，如 $CO_2$和 CH 等。紫外线可造成生物体内化学物质的蚀刻作用，同时波长在 200~300nm 范围的紫外线还可以诱导胸腺嘧啶二聚物的形成，造成 DNA 的破坏。活性氧自由基如羟基自由基和氮氧自由基可以直接轰击生物体表面的细胞膜，并与环境中的氧分子共同作用，在细胞膜表面缓慢燃烧，最终生成 $CO_2$ 和 $H_2O$ 等挥发性物质。

2. **细胞膜穿孔与静电干扰**

低温等离子体产生的带电粒子在高电差的作用下高速运动，撞击微生物细胞膜表面，最终造成化学键的破坏和局部腐蚀，同时还可以与活性氧等协同作用，氧化细胞膜表面蛋白质和脂质，造成局部变形导致细胞膜表面穿孔。低温等离子体产生的电子离子在细胞膜表面富集，造成不规则性异样高的曲率而发生静电干扰，使细胞表面总张力超过细胞膜的总抗拉强度而造成细胞膜穿孔。

3. **大分子氧化**

低温等离子体产生的活性氧自由基（ROS）可以与细胞大分子发生氧化反应。活性氧自由基的生物靶点包括 DNA、蛋白质和脂类，尤其是细胞膜表面的脂质是活性氧自由基的主要攻击靶点。活性氧自由基攻击细胞膜中多不饱和脂肪酸，引起脂质的连锁反应，活性氧自由基产生的氢过氧自由基、超氧离子自由基、单线态氧和臭氧都可以导致脂质氧化，它们可以从不饱和脂肪酸中提取氢原子，形成脂质自由基；脂质自由基再和氧分子反应生成脂质过氧化氢自由基，具有很强的氧化性，可提取周围不饱和脂肪酸中的 H 原子形成脂肪酸过氧化物，从而引发脂质链式反应。

脂质链式反应造成细胞膜内旋性的改变和细胞完整性的破坏，细胞膜的选择透过性破坏，渗透压失衡，最终导致细胞的裂解。

活性氧自由基还可以攻击蛋白质，发生氨基酸侧链修饰和蛋白质结构的改变。这些改变可能会导致蛋白质的功能变化，从而扰乱细胞新陈代谢，对细胞具有潜在的灾难性影响。

细胞体蛋白质中的 Fe-S 簇对超氧化物自由基的攻击特别敏感，多数酶类的活性金属结合部位对活性氧自由基的攻击也特别敏感；同时细胞体内蛋白质氧化导致氧化蛋白在体内的积累，当存在过量氧化蛋白时会抑制蛋白酶的活性。活性氧自由基的另一个反应目标是 DNA，它与 DNA 的碱基和糖基反应，造成脱氧核糖核酸的多种类型氧化损伤；羟基自由基因其超强的氧化性质可以与 DNA 中的糖基反应，造成 DNA 链的断裂。除活性氧自由基可以直接与 DNA 反应之外，活性氧自由基的中间产物也可以与 DNA 反应，如脂质过氧化氢自由基可与 DNA 中的嘌呤反应造成嘌呤聚合物的产生。同时，脂质链式反应的最终产物的某些醛类也可以与 DNA 反应造成碱基的烷基化和 DNA 链内或链间的交联。

低温等离子体产生的活性氧自由基对细胞大分子的氧化，最终导致细胞新陈代谢和结构完整性的破坏而死亡。

## 二、低温等离子体杀菌装置

### （一）低温等离子体发生装置

#### 1. 电晕放电型

在电极两端加上较高但未达到击穿的电压时，电极表面附近的电场（局部电场）很强，则电极附近的气体介质会被局部击穿产生电晕放电（corona）现象，从而形成低温等离子体。

#### 2. 射频放电型

利用高频高压使电极周围的空气电离而产生低温等离子体。由于射频放电型低温等离子的放电能量高、放电范围大，现已被应用于材料的表面处理和有毒废物的清除和裂解。射频等离子可以产生线形放电，也可以产生喷射形放电。

#### 3. 介质阻挡放电（DBD）型

在两个放电电极之间充满某种工作气体，两个电极连接高压电源即产生高压电场，高压电场激发介质气体产生电子转移，形成光电子、离子和活性自由基团等低温等离子体，作用于微生物细胞的不同部位导致其细胞结构破坏而达到杀菌效果。为提高高压电场强度而增强杀菌效果，将其中一个或两个电极用绝缘材料覆盖与介质气体完全隔离，覆盖的介质阻挡放电绝缘材料的介电性能和厚度决定了低温等离子体发生装置可耐受的电压（目前水平可达到 80~90kV）。目前介质阻挡放电型作为低温等离子体发生装置的主要形式已开始应用于包装食品的冷杀菌研发。

### （二）高压电场低温等离子体冷杀菌实验设备

高压电场低温等离子体冷杀菌实验设备由南京农业大学食品包装研究所通过产学研联合研发于2018年，首次推出包括高压变压器、可变频高压电场发生器、低温等离子体核心装置、高压控制配电箱、可编程逻辑控制器（PLC）以及触摸控制屏等。本发明专利设备使220V电源通过高压变压器、可变频高压电场发生器等系统元器件，使低温等离子体核心装置的高压电极与地电极之间产生60~90kV的高压电场，激发包装内部介质气体产生等离子体而达到杀菌效果，可程序设定自动控制完成多步骤实验操作，具有杀菌程序精准可控、操作简单、工作效率高等优点。本实验设备在国际上首先突破了高压电场的频率调控关键技术，通过在一定范围内的可变频协同高压因子来调控高压电场的强度及低温等离子体的冷杀菌效能特性，可有效地扩展高压电场低温等离子体冷杀菌的研究试验空间和效果。

### （三）高压电场低温等离子体冷杀菌自动化生产线设备

高压电场低温等离子体杀菌自动化生产线，包括机箱机架、传送带机构、高压变压器、可变频高压电场发生器、低温等离子体核心装置、高压控制配电箱、高压电场屏蔽门、可编程逻辑控制器以及触摸控制屏等。高压电场低温等离子体核心装置设置在机架上方的机箱内顺着传送带机构运行方向间隔一定距离设置2~5组；低温等离子体核心装置由多组高压电极组件等距并列一排组成，高压电场屏蔽门分别可升降地设置在机架被杀菌包装件的进口和出口处。使用220V电源通过高压变压器等系统元器件，使高压电场低温等离子体核心装置的高压电极与地电极之间产生60~90kV的高压电场，激发包装内部介质气体产生等离子体而达到安全高效的杀菌效果；本生产线对包装产品进行低温等离子体间隙多次连续杀菌处理，杀菌时间短、效果好、效率高，通过可编程逻辑控制器与触摸屏控制相连使杀菌程序精准可控、操作简单，可适应食品规模化冷杀菌保鲜包装的自动化生产要求。

## 三、低温等离子体杀菌技术在食品工业中的应用

与目前广泛采用的食品杀菌技术比较，高压电场低温等离子体冷杀菌技术是

食品冷杀菌保鲜包装技术的重要突破。此技术可与气调保鲜包装技术完美结合，低温等离子体对包装产品进行杀菌处理不会产生二次污染，产生杀菌作用的等离子体来源于包装内部气体，不会产生化学残留，安全性高。尽管使用的电压非常高，但电流微小、杀菌处理过程很短，不会产生热量，没有温升，且能耗很低、操作简便等。因此，低温等离子体杀菌技术作为一种新的冷杀菌方式，特别适用于对热敏感食品（如生鲜畜禽鱼类肉制品及调理产品、新鲜果蔬及鲜切菜等）冷杀菌。这些特点使生鲜调理食品及其热敏性食品的大规模开发及安全品质控制具有关键的技术突破可能性和巨大的开发空间。

### （一）生鲜果蔬高压电场低温等离子体冷杀菌（CPCS）研究进展

低温等离子体冷杀菌具有作用时间短、杀菌基本没有温度升高等优势，非常适用于生鲜果蔬的冷杀菌。研究发现，低温等离子体冷杀菌处理不同微生物会造成不同的影响。哈密瓜表面的酿酒酵母和葡萄糖醋酸菌经等离子体处理后发现：酿酒酵母菌对低温等离子体的抵抗力最强，增加处理电压强度可产生更加有效的等离子体效应，对菌体的杀菌作用显著增强；采用 CPCS 处理杞果和柠檬果皮上大肠杆菌、酿酒酵母菌和葡糖醋杆菌发现类似的结果，CPCS 对酿酒酵母菌的杀菌效果要显著低于对大肠杆菌和葡糖醋杆菌的杀菌效果。除菌种个体之间带来的杀菌效果的差异外，食品材料本身也会影响低温等离子体的杀菌特性，在用低温等离子体处理生菜、胡萝卜和番茄时发现，不同的接种数量也会影响低温等离子体的杀菌效果，相比于高接种量、低接种量时低温等离子体的杀菌效果更佳。

高压电场低温等离子体冷杀菌对抗逆性较强的菌膜也有很好的杀灭效果，在温度低于 15℃的条件下处理 5min，可造成生菜表面菌膜中的气单胞菌下降 5log（CFU/g）。高压电场低温等离子体冷杀菌结构的不同也会带来杀菌效果的不同，经滑动电弧介质产生等离子体处理果皮表面的沙门菌和大肠杆菌 $O_{157}$：H7，分别造成 2.93log（CFU/g）和 3.4log（CFU/g）的下降。

除新鲜果蔬外，高压电场低温等离子体冷杀菌可有效地杀灭果汁中的微生物。鲜榨橙汁中含有金黄色葡萄球菌、白色念珠菌和大肠杆菌，经过 25s 的高压电场低温等离子体冷杀菌处理可以下降 5log（CFU/mL）。高压电场低温等离子体冷杀菌还可以有效地杀灭果汁中的某些耐酸菌，如弗氏柠檬酸杆菌，经过 480s

处理可以使苹果汁中的弗氏柠檬酸杆菌含量下降5log（CFU/mL）。在杀菌的同时如何保持果汁原有的食用特性至关重要。研究发现：高压电场低温等离子体冷杀菌处理后对橙汁的色泽、pH值、抗氧化能力以及总酚含量并没有带来显著的影响，短时间的高压电场低温等离子体冷杀菌处理可以增加石榴汁中的花青素含量，但过长的处理时间可能造成樱桃汁中的花青素含量的下降。

高压电场低温等离子体冷杀菌对水分含量较低的干果类和香辛料类也具有很好的杀菌作用。利用高压电场低温等离子体冷杀菌可以有效地杀灭胡椒粉中的沙门菌、枯草芽孢杆菌孢子以及萎缩芽孢杆菌孢子，在30min的处理条件下分别造成其4.1log（CFU/g）、2.4log（CFU/g）、2.8log（CFU/g）的下降，并且对高压电场低温等离子体冷杀菌处理组胡椒粉的色泽风味与空白对照组无显著影响。

## （二）生鲜肉高压电场低温等离子体冷杀菌研究进展

生鲜肉的保鲜包装是目前国际上肉类消费物流的主要方式，其货架保鲜期决定于加工包装过程中的杀菌处理效果，而气调保鲜是目前国际上常用的生鲜肉保鲜包装方法，但流通销售过程中的微生物，尤其是腐败菌和致病菌，仍然是造成食品安全品质事故的主要原因。用于生鲜肉杀菌的方法有多种，采用加热的杀菌方式会对生鲜肉的感官品质产生严重影响，但目前可采用的冷杀菌方法都存在一些缺点，如除超高压杀菌技术设备昂贵、维护费高等商业应用开发受到很大限制外，超高压处理会引起生鲜肉表面的感官效果下降；紫外光照处理对生鲜肉表面杀菌效果不高，且由于生鲜肉表面的形状不规则，会产生紫外光照的杀菌盲区；高压脉冲电场杀菌的局限性体现在处理过程中生鲜肉需要直接与电极相接触；辐照杀菌技术会影响生鲜肉感官品质，消费者接受度低。因此，一种能用于生鲜肉包装后的有效冷杀菌处理，并保持产品的观感品质和安全的方法，是生鲜食品保鲜包装技术的重要突破，将推进生鲜食品物流保鲜包装安全品质控制技术的发展。

## （三）高压电场等离子体活性水杀菌

高压电场低温等离子体冷杀菌产生的活性自由基可以被水吸收，在水中产生诸如活性氧、氮自由基以及$H_2O_2$、$O_3$等物质，极大地提高了水的氧化还原电位，被定义为等离子体活性水。高压电场等离子体活性水中活性氧和活性氮自由基具有强烈杀菌作用。

高压电场等离子体活性水已经被证明对不同的食源性致病菌、包装材料及设备表面的生物膜菌等均有较好的清除作用。研究发现高压电场等离子体活性水对草莓表面微生物有显著的杀菌效果，经过 20min 高压电场等离子体活性水处理，草莓菌落总数下降 3.5log（CFU/g），而采用高压电场低温等离子体冷杀菌直接处理草莓仅造成 1.72log（CFU/g）的下降。研究表明高压电场等离子体活性水的杀菌效果显著高于高压电场低温等离子体冷杀菌直接处理，这可能是由于草莓表面凹槽和小孔导致的：草莓粗糙的表面限制了高压电场低温等离子体冷杀菌产生的活性物质的杀菌范围，从而达到保护内部微生物的作用，而高压电场等离子体活性水处理采用完全浸泡的方式，从而增大了杀菌物质与微生物的接触面积，达到更好的杀菌效果。草莓在 0~4d 的贮藏过程中，高压电场等离子体活性水处理并未对的 $L^*$、$a^*$ 和 $b^*$ 造成显著影响，在贮藏期第 4 天，$a^*$ 升高，但与空白对照组相比差异不显著。

随后该研究人员又研究高压电场等离子体活性水对中国小红莓的作用发现，高压电场等离子体活性水处理能显著延长果蔬的保鲜期，同时 7d 的贮藏期内，高压电场等离子体活性水处理组和空白对照组的颜色差异不显著。

采用非热等离子体处理海藻酸钠水溶液，并研究其对不同致病菌的抑制作用。结果表明，改性后的海藻酸钠溶液对大肠杆菌有较强的致死作用，并且改性的海藻酸钠具有长效抑菌性。

### （四）食品高压电场低温等离子体冷杀菌是需要进一步研究的问题

高压电场低温等离子体冷杀菌在食品新技术研究领域引起了很大的关注，作为目前国际上一种最新的食品冷杀菌技术，研究显示高压电场低温等离子体冷杀菌在食品冷杀菌保鲜包装应用中具有某些局限性。由于低温等离子体的渗透深度低，造成食品内部的微生物难以杀灭；细菌迁移到食品组织和粗糙食物表面形成的难以杀灭的生物膜，也为高压电场低温等离子体冷杀菌提出了一个提高杀菌效能的问题；某些食品成分，如抗氧化剂和其他营养素可能会影响低温等离子体杀菌效率，这些因素突出高压电场低温等离子体冷杀菌对一个特定产品需要特殊的优化处理。此外，关于高压电场低温等离子体冷杀菌对食品品质的影响研究较少，除了对食品 pH 值、脂肪氧化、感官色泽等品质因素的影响，还需要研究高压电场低温等离子体冷杀菌对食品中微生物、酶等的影响机理和调控机制。这是食品科学一个新的研究领域，需要本学科领域的专家学者进行广泛深入的研究探索。

### （五）高压电场低温等离子体冷杀菌关键技术装备研究展望

生鲜调理食品适合现代食品“特色美味、方便营养”消费理念，必定成为今后消费的主流食品，而冷杀菌保鲜包装是其发展的瓶颈。因此，低温等离子体杀菌技术作为一种新的冷杀菌方式，开发的高压电场低温等离子体冷杀菌——气调保鲜生产线具备智能高效自动化、冷杀菌无残留、绿色低碳等优势，特别适用于对生鲜类及其热敏性食品（如生鲜畜禽鱼类肉制品及调理产品、新鲜果蔬及鲜切菜等）的大规模开发，具有巨大的开发空间和良好前景。

# 第五章　食品膨化技术

## 第一节　挤压膨化技术

食品挤压膨化加工技术属于高温、高压加工技术，特指利用螺杆挤压膨化方法，通过压力、剪切力、摩擦力、升温等作用所形成的对于固体食品原料的破碎、捏和、熟化、杀菌等加工处理，完成高温、高压条件下物料的物理变化及化学变化，在机械作用下强制通过一个专门设计的模孔，制得一定形状的多孔、疏松产品。

我国关于挤压膨化技术的研究和应用始于20世纪70年代末，先后在膨化小吃食品、营养米粉、糖果生产、大豆组织蛋白的加工、变性淀粉、淀粉糖浆、膳食纤维等应用领域和挤压膨化技术理论领域进行了大量研究，但目前仍处于相对落后的状态，设备性能有待改善，生产领域有待扩大，产品花色品种需进一步丰富，产品质量也需要进一步提高。

### 一、挤压膨化原理

挤压膨化属于食品挤压加工技术的一种，食品挤压加工技术包括挤压膨化技术、挤压蒸煮技术和挤压组织化技术三种。食品挤压加工技术的共同点是物料被送入挤压机后，在螺杆、螺旋的推动下，物料向前呈轴向移动。同时，物料被强烈地挤压、搅拌、剪切，螺杆与物料、物料与机筒以及物料内部的相互摩擦，其结果使物料进一步细化、混匀。随着机腔内部压力的逐渐增大，温度不断升高，在高温、高压、高剪切力的条件下，物料的物性发生变化，由粉状或粒状变成糊状，淀粉发生糊化、裂解，蛋白质发生变性、重组，纤维发生部分降解、细化，微生物被杀死，酶及其他生物活性物质失活。三种挤压加工技术的不同点是：挤压膨化技术是指当糊状物料在接近模孔时温度达到最高、压力达到最大，由模孔喷出的瞬间，在强大压力差的作用下，水分急骤汽化，物料被膨化，形成疏松、多孔结构；挤压蒸煮技术是指糊状物料在接近模孔时，温度较低，压力较小，由模孔挤出时，内外压差较小，模孔主要起塑形作用，物料挤出后成为具有一定形状的熟化或半熟化产品；挤压组织化技术主要是针对蛋白质含量较高（50%以上）的植物原料，其在挤压机内由于受到剪切力和摩擦力的双重作用，维持蛋白质三级、四级结构的氢键、范德华力、离子键和二硫键被破坏。随着蛋白质高级结构的破坏，形成了相对呈线性的蛋白质分子链，这些分子链在一定温度和水分含量条件下，受定向前进推动力的作用发生定向排列，产生分子间的重组，由模孔挤出后即形成类似于肉类组织结构的产品——组织化蛋白。

### （一）挤压膨化原理

尽管挤压膨化机的形式和结构有所不同，但其基本工作原理是相同的。物料在挤压膨化过程中大致都会经历输送、混合、压缩（破碎）、剪切（混炼）、熔融、均压和喷爆（成型）七个阶段，在实际的挤压过程中各个阶段并不是截然分开的，而是相互交叠在一起的。

当物料通过供料装置进入挤压套筒后，螺杆的旋转对物料产生强制推送作用，物料被推动前进，此时物料以相对自由的颗粒状在螺旋槽内向前流动。在被向前推送的过程中，物料会随着螺杆的转动不断地翻转，并且由于物料颗粒大小、形状、密度、表面摩擦力等差异而产生运动速率的差异，使物料发生混合。物料被继续向前推进，由于套筒与螺杆之间的间隙变小，物料被进一步混合和破碎，并产生压缩作用，但物料很少或没有内部剪切，物料就像一个与螺旋槽所有面都接触的固体柱塞，随螺杆向前运动，物料之间的压力和温度开始升高。当物料经过输送和混合破碎阶段后，被继续向前推送，受到末端模头的阻碍作用，加之同等螺距的内容积逐渐变小，对物料的压力逐渐增高，在压力的作用下，物料与物料、物料与机体之间的摩擦力加大，产生的热量剧增（或有外部加热的作用），使物料的温度迅速升高，部分物料开始熔融，由硬质固态粉粒状变成胶质半固态或液态，并相互混合揉捏成团状，水分汽化或变为过热状态，物料受到“蒸煮”，物料的组分发生一系列的化学反应和质构重组。物料经过压缩蒸煮后，被转动的螺杆继续推动前进。由于剪切和摩擦作用的加剧，机械能大量地转换为热能（再加上外部加热供给的热能），物料的压力和温度急剧上升，并在螺杆末端和模头之间处达到最大，促使物料彻底熔融，并使之定压、定温、定量地从模头挤出，这一段物料是以黏稠流体的形式流动的。被挤压蒸煮彻底熔融的物料积累了大量的能量，水分呈过热状态在螺杆的推动下稳定均匀地通过模头挤出，骤然释放至常压，过热状态的水分瞬间汽化而发生强烈膨爆，其体积约膨胀 2000 倍；物料组织受到强大的膨胀伸张作用形成无数细致的多孔海绵体，体积增大几倍到几十倍，由于水分瞬间蒸发带走大量的热量，物料的温度迅速降低，含水率有所下降。

### （二）膨化产生的条件

要实现物料的膨化，必须具备一定的条件，与物料的自身特性、物料的变化和外部环境条件的改变等因素直接相关。只有当物料和外部环境的变化同时达到膨化所需的特定条件时，膨化才有可能顺利进行。产生膨化所需要的特定条件有以下三个方面。

#### 1. 汽化剂

在物料的组分中必须有均匀分布并在一定的加工条件下能够发生相变（从液态或固态转变为气态）的物质，这些物质称为汽化剂。对于大多数的食品物料而言，最常见、最适宜的汽化剂就是物料中的水分，碳酸氢钠等也是有效的汽化剂。

#### 2. 弹性小室

从相变阶段到增压阶段，为了保证物料内部的压力不断增大，物料内部应能形成大量的相对封闭的弹性小室。弹性小室对气体具有一定的阻隔作用，能够保证小室内气体的压力不断上升。构成气体小室的材料必须具备一定的成膜性能，并能在气体外溢后迅速形成固定的网架结构，其物理形状不因内部水分的减少而回缩。构成小室的成膜材料主要是物料中的淀粉、蛋白质等高分子物质，而成品的网状材料中除淀粉、蛋白质外，还填充有少量其他如纤维素等高分子物质。

#### 3. 能量

只有产生膨化的物质基础尚不足够，还需要为物料提供完成膨化全过程所需要的足够能量，汽化剂在升温、相变（汽化、气化）使物料膨胀时均需要能量，而物料的其他组分在升温过程中也需要能量，这些能量需要由外部提供。

### （三）挤压膨化的动力机制

#### 1. 能量的转移

产生膨化的前提之一是必须有由外部直接或间接地向物料内部的水分子提供能量，外部能量的提供方式和能量的转换效率对膨化效果起着至关重要的作用。挤压膨化是同时利用热传导和机械挤压摩擦效应实现外部能量向物料的转移。

#### 2. 膨化动力的产生

膨化动力主要来自被挤压物料自身的膨胀和物料中过热态水分的能量释放两个部分。挤压物料的膨胀也称为压模膨胀，在挤压过程的最终熟化区域，物料中淀粉熟化（糊化），蛋白质变性，物料内部的压力进一步升高，当黏稠的物料离开模头的瞬间，由于物料的黏弹性效应产生膨胀，压模膨胀值等于总体径向膨胀与总体纵向膨胀比值的立方根。物料中过热态水分的能量释放导致的膨胀也称为水分蒸发膨胀，因水分蒸发的膨胀比因压模膨胀大得多，在挤压膨化中居主导地位。

对于水分“瞬间蒸发”导致的膨化而言在外部提供一定能量的前提下，物料内部的各种物质成分中，水具有分子质量小、传热性好、沸点低、易汽化膨胀的特性，水分子的热运动最先加剧，同时水分子的动能加大。由于物料在挤压过程中承受着较高的压力，即使在最终的熟化区尽管物料温度较高（大于 100℃），其中的水分因压力作用处于过热状态，极少蒸发；当物料离开模头的瞬间，由于压力的瞬间释放，物料内部过热液体瞬间蒸发膨胀，其结果会造成对与之相接触的物料结构的冲击。当这种冲击作用力超出维持高分子物质空间结构的力，并超出高分子物质维持的物料空间结构的支撑力时，就会带动这些大分子物质空间结构的扩展变形并最终导致物料的质构变化。因此，水分蒸发膨胀至关重要的是黏弹性物体在出模时温度要超过 100℃，黏弹性物体中的水蒸气成为种核气泡；到膨胀阶段，气泡长大使挤压物达到最大体积并最终定型。

气泡长大取决于温度、水分和流动状况指数。气孔是在熟化的黏弹体物料离开模头的瞬间形成的，因工艺的不同，气孔迅速达到最大值后稍有减小或保持不变。想要控制物料适当的膨化度，需要合理控制含水率、膨化温度以及流动性。

如果要尽可能地获得较大的膨化度，还可向物料中注入二氧化碳或添加碳酸氢钠等产气化合物，增强挤压物料的膨胀动力。一般来说，含碳酸氢盐的黏弹性熔融物在沿轴方向的膨胀大于径向膨胀，其原因是当熔融物在模头里面时开始膨胀，受模头的局限，熔融物只能沿轴向膨胀。

挤压物料膨胀时，其表面温度下降主要是由于水分的蒸发带走热量所致，较小程度上也是由于周围冷空气的影响所致，这样的冷却一定程度上抵制了挤压物料膨胀，甚至使其收缩。一个膨胀的气泡发生收缩是由于气泡或气孔里的水蒸气冷凝而造成一个负压差所致。物料冷却还将使其多孔结构硬化固定。

由于膨胀时物料的表面温度降低的速度大于内部温度降低的速度，因此表面较冷，靠近表面的气泡通常扁而长，孔壁厚；内部的气孔成多边形。

### （四）挤压膨化过程中物料主要成分的变化

#### 1. 淀粉

淀粉是挤压膨化食品中的主要成分。原料中淀粉含量的高低以及淀粉在挤压过程中的变化，与产品的质量有十分密切的关系。天然原料中的淀粉有直链淀粉与支链淀粉之分。在食品生产过程中，有时还会用变性淀粉作为一种辅料，来控制产品的特性。

天然淀粉以颗粒存在时，颗粒的外形有球形和不规则状，粒度一般在1~10μm。它们靠分子间的氢键和分子内的氢键紧密地连在一起，联成类似晶体的结构，故天然淀粉的吸水性很小，口感很硬，不易被淀粉酶作用，因此不易消化。淀粉在一定的水分含量和一定的温度下，其颗粒会溶胀分裂，内部有序态的分子之间的氢键断裂，分散成无序状态，这个作用称为糊化作用。糊化之后的淀粉称为α-淀粉。糊化的淀粉吸水性增大，质地柔软，易于消化。淀粉的糊化主要受外界温度和水分的影响，不同食用淀粉的糊化温度略有差别，其范围在55~85℃。

淀粉含量较高的原料——谷物类原料及其混合物，其淀粉多以排列紧密的胶束形式存在，胶束间的间隙很小。在挤压过程中经过混合、压缩、剪切、熔融和熟化等一系列复杂的连续处理。首先，淀粉以粉体状态输送，在输送过程中，物料受热，水分均匀溶于淀粉中；淀粉颗粒吸水受热，当吸收一定能量后，淀粉分子从2个平行排列的直链部分间脆弱的氢键处开始分离，使其组织的无定型部分增多，淀粉颗粒膨胀，粒子沿切向膨胀逐渐增大到原有体积的许多倍，其分子的网状结构大大变弱，进而形成胶体，一般称之为淀粉糊。随着物料受热程度的增加，温度进一步升高，颗粒也进一步膨胀，直链淀粉向颗粒外扩散；随着时间的延长，淀粉分子间的氢键断裂，破坏了淀粉的原有结构，颗粒破碎，淀粉由原来的紧凑有序结构变成松散的无序结构，即淀粉发生了糊化，胶束被破坏。在糊化过程中，由于物料颗粒粒径不同，流体开始表现为细小的颗粒与凝胶体共混状，然后物料全部变为凝胶体，形成分子水平的剪切，长链淀粉被剪切成短链淀粉、糊精和葡萄糖。这种凝胶体处于高温、高压状态，积累了大量的能量，它从机头被挤出时，压力迅速降低，内部水分蒸发，淀粉受到强大的喷爆作用，使产品内部产生微孔状结构。

淀粉在挤压过程中的糊化是一个低水分状态下的糊化过程。在此过程中，淀粉的糊化程度与螺杆的转速（影响到剪切力和挤出时间）、温度和水分含量有十分密切的关系。当温度达到约80℃时，淀粉的糊化度急剧增大。水分对糊化度的影响一般不大，但高水分时，糊化度有明显升高；螺杆转速增大，糊化度没有明显变化或略有下降，其原因可能是转速增大，物料在机内的停留时间减少造成的。挤压机械剪切力对淀粉糊化的影响要比高温、高压重要得多。

膨化后淀粉结构发生变化，总淀粉含量降低，支链淀粉含量也降低，直链淀粉含量却增加；糊精和还原糖的含量有较大提高。淀粉的这种变化，从营养学的角度讲有助于消化吸收。

### 2. 蛋白质

进行挤压膨化加工时，蛋白质亦发生复杂的变化。从物化特性来说，挤压使蛋白质的结构和功能特性发生改变；从营养观点来说，挤压过程还会引起蛋白质营养特性的变化。含蛋白质的食品原料在挤压机内受到高温、高压、高剪切力的综合作用，蛋白质的二级、三级、四级结构的结合力变弱，蛋白质分子结构伸展、重组，表面电荷重新分布趋向均匀化，分子间氢键、二硫键等部分断裂，导致蛋白质最终变性。

蛋白质产生变性的程度与挤压过程中的参数有密切关系。物料含水率越大，螺杆转速越高，蛋白质变性程度越低；挤压温度高、蛋白质的变性程度大；温度低，挤出产品的溶解性好。蛋白质经挤压变性后，原先封闭在分子内的疏水性的氨基酸残基暴露在外，使挤压蛋白质在水合体系中的溶解性降低，蛋白质的分散指数（PDI）下降。不同的蛋白质，其变性温度有差异。一般情况下，若生产组织化蛋白，其温度一般控制在140～160℃、含水率为20%～40%；若生产的产品要求溶解度较好，则温度可以低一些。

挤压过程还会引起蛋白质营养的变化。蛋白质经高热处理会引起结构的变化，诸如肽键的水解、氨基酸变性等。经挤压膨化后，蛋白质和脂肪的含量减少，氨基酸和水溶性成分含量增加，说明在挤压膨化过程中部分蛋白质发生了降解，大分子被切断成小分子肽以及部分氨基酸。在挤压过程中，氨基酸常与糖类发生美拉德反应。在含糖量相同的情况下，氨基酸损失随温度升高而增大，而含水率的增加则有利于氨基酸的保留。

挤压的过程是高温、低水分的加工过程。当物料被挤压经过模头时，绝大多数蛋白质分子沿物料流动方向成为线性结构，并产生分子间重排。挤压成型的蛋白有两种类型，一种是挤压膨化组织蛋白，是采用一次性的高温、高压膨化，组织化的最终产品有明显的纤维结构和多孔性，吸水性好，多用于方便食品的加工；另一种是由植物组织蛋白派生出的、能替代肉的类肉产品，对这类产品要求非常严格，因为其最终产品在强烈蒸煮后，必须紧密、无气孔，呈层状纤维结构，才能保持类肉特征。

**3. 脂肪**

在挤压过程中，原料中绝大多数脂肪与淀粉、蛋白质形成了复合物，因此降低了挤出物中游离脂肪的含量。脂肪复合体的生成，使得脂肪受到淀粉和蛋白质的保护作用，对降低脂肪的氧化速度和氧化程度，延长产品的货架期起到积极作用。影响脂肪变化的因素包括挤压过程的温度、螺杆转速和原料含水率，其中温度和含水率是影响复合体生成量的主要因素，螺杆转速对复合体生成量的影响较小。挤压温度越高，复合体的生成量越少，挤出膨化产品中的游离脂肪含量越高；含水率越高，复合体的生成量越少，挤出膨化产品中的游离脂肪含量也越高。挤出产品的游离脂肪含量高，易发生脂肪氧化酸败现象，缩短产品的货架期。

脂肪复合体的生成除了可以防止氧化、延长产品货架期，还会改善产品的质构和口感。小吃食品的含油量在20%以上，能改善产品的口味，增强人的食欲。但脂肪含量过多又会产生油腻口感，并且给产品的保存带来麻烦。挤压膨化生产的小吃食品中添加脂肪有两种基本方法：一种是在挤压膨化前将油脂均匀混合在原料里；另一种是在挤压膨化后将油脂喷涂在产品表面、在产品最终含脂量相同的情况下，采用喷涂方法产品易氧化，食用时易产生油腻的口感；在挤压膨化前将油脂混合在原料里，则可因脂肪复合体的形成而减少以上现象的出现。

尽管挤压膨化过程中可生成脂肪复合体，降低产品在保存过程中的氧化程度，但不能彻底防止脂肪的氧化酸败，产品在保存过程中仍会发生氧化现象，有时氧化现象仍较强烈。加入抗氧化剂可有效地解决脂肪氧化的问题。

4. 食物纤维

食物纤维是食物中不能被人体内消化酶所消化吸收的一类物质，通常包括纤维素、半纤维素、木质素、果胶等。挤压膨化能够改善食物纤维的物理、化学以及生理特性，部分食物纤维由非水溶性变成水溶性，这是挤压过程中的高温、高压、高剪切作用促使纤维分子间价键断裂、分子裂解及分子极性变化所致。由于可溶性膳食纤维对人体健康具有特殊的生理作用，因此采用挤压膨化手段开发膳食性纤维食品是一种有效的方法。

5. 糖

挤压的高温、高剪切作用使糖分解产生羧基化合物，与物料中的蛋白质、游离氨基酸或肽发生美拉德反应，影响产品的颜色。

6. 维生素

大多数维生素受热不稳定，因此其在加工过程中的损失不可避免。挤压膨化的条件不同，维生素的损失亦不同。提高温度、螺杆转速及降低含水率和模口直径等均会降低维生素的含量。尽管挤压过程中温度较高，但物料在高温下受热时间很短，物料从模头挤出后，由于水分的快速蒸发带走了大量热量，使物料温度迅速下降。若挤压时套筒内温度为180℃左右，则挤出膨化后物料的温度可瞬间降到70~80℃。总体而言，物料的受热强度不太大，故维生素的损失也不太严重。此外，物料在套筒内与空气接触少，维生素 A、维生素 C 等易被氧化的维生素也不会因氧化而产生过多的损失。

7. 矿物质

挤压膨化过程中矿物质一般不会被破坏，但是具有凝固特性的新聚合物的形成可能会降低某些矿物质的生物效价，例如植酸可能同 Zn、Mn 等形成络合，形成不被消化的化合物。

## 二、挤压膨化设备

### （一）挤压机的分类

挤压膨化机是挤压设备中的一类。由于挤压机种类多，有些虽然不能直接膨化，但可与其他的膨化设备组合加工膨化食品，下面简要介绍挤压设备的分类。

1. 螺杆根数分类

这是一种最为常用的分类方法，可将挤压机分为单螺杆挤压机、双螺杆挤压机和多螺杆挤压机。其中以单螺杆和双螺杆最为常见。

（1）单螺杆挤压机

挤压机配置一根挤压螺杆，是一种最为普通的螺杆挤压机。它是靠螺杆和套筒对物料的摩擦来输送物料并形成一定压力。该种挤压机结构简单、工作可靠、易于操作、维修方便，但混合能力差、作用强度低。

（2）双螺杆挤压机

挤压机配置有两根螺杆，挤压作业由二者配合完成。双螺杆挤压机靠正相位移原理输送物料，避免了单螺杆挤压机工作时可能出现的物料回流现象，剪切混合能力强，容积效率高。

2. 按受热方式分类

（1）自热式挤压机

自热式挤压机在挤压过程中所需的热量来自物料与螺杆之间、物料与套筒之间的摩擦，挤压温度受生产能力、物料含水率、物料黏度、环境温度、螺杆转速等因素的影响，故温度不易控制。该设备一般具有较高的转速，转速可达 500～800r/min，产生的剪切力也比较大；要求物料在低水分条件下（8%～14%）工作。可用于小吃食品的生产，但产品质量不易保持稳定，操作灵活性小，控制较困难。

（2）外热式挤压机

外热式挤压机是靠外部加热的方式提高挤压机套筒和物料的温度。加热方式主要有蒸汽加热、电磁加热、电热丝加热、油加热等。根据挤压过程各阶段对温度参数要求的不同，分为等温式挤压机和变温式挤压机。等温式挤压机的整个套筒温度全部一致；变温式挤压机的套筒分为几段，分别进行加热或冷却。外热式挤压机可以是高剪切力的，也可以是低剪切力的。该类挤压机易于操作控制，产品质量易保持稳定。

### 3. 按剪切力分类

（1）高剪切力挤压机

这类设备的螺杆通常具有反向螺杆段，以便提高挤压过程中的压力和剪切力，具有较高的转速和较高的挤压温度。但由于剪切力较高，使形状复杂的产品成型较困难，因此适合于简单形状产品的生产。

（2）低剪切力挤压机

这类设备产生的剪切力较低，它的主要作用在于混合、蒸煮和成型。适用含水率较高以及挤压过程中黏度较低物料的加工，可加工形状复杂的产品，产品成型率较高。

### 4. 按功能分类

（1）挤出成型机

挤压成型机的螺杆结构具有较大的加压能力，采用向夹层套筒或空心螺杆内通入冷却水的方法防止物料的过热，制取结构致密、均匀的未膨化成型产品，一般为中间产品，需要对其进行后续加工。所使用的原料一般为塑性物料。

（2）挤压熟化机

挤压熟化机又称为挤压蒸煮机，主要利用挤压机的加热蒸煮功能制取未膨化的糊化产品。这种挤压机具有令人满意的可操作能力，可生产即食谷物、植物组织蛋白、小吃食品等。

(3) 挤压膨化机

挤压膨化机可在挤压过程中迅速地将物料加热到175℃以上，使淀粉流态化，当物料被挤出模孔时极度膨胀成疏松质地的产品，用于生产膨化产品。

## (二) 挤压膨化机

### 1. 挤压膨化机的构成

尽管挤压膨化机的形式有多种，但主要构成基本相同，主要由挤压系统、传动系统、模头系统构成，较先进的挤压膨化机还设有温控系统等。

(1) 挤压系统

此系统主要由螺杆、套筒和机座组成，是挤压膨化机的核心部分。

(2) 传动系统

此系统用来驱动螺杆转动，主要由电动机、减速器组成，保证螺杆所需的扭矩和转速。

(3) 模头系统

此系统用来保证挤压膨化食品的形状和建立模头前的压力，主要由能与套筒连接的模座、分流板和成型模头组成。

(4) 温控系统

此系统通过在夹层筒体内通蒸汽加热筒体而把热量传递给物料，或通入冷却循环水冷却筒体，也有用电热元件加热筒体的，或将螺杆做成中空，也可用来加热或冷却。

### 2. 单螺杆挤压膨化机

(1) 单螺杆挤压膨化机的挤压过程

当疏松的食品原料从加料斗进入套筒内后，随着螺杆的旋转，沿着螺槽方向被向前输送，这段螺杆称为加料输送段，约占整机工作区域的25%。再向前输送，物料就会受到模头的阻力作用，螺杆与套筒形成的强烈挤压及剪切作用，产生压缩变形、剪切变形、搅拌效应和升温，并被来自套筒外部的热源进一步加热，物料温度升高直至熔融，这段螺杆称为压缩熔融段，约占整机工作区域的50%。物料接着往前输送，挤压及剪切作用进一步增强，物料继续升温而被蒸煮，出现淀粉糊化、脂肪和蛋白质变性等一系列复杂的物理、化学变化，组织进一步均匀化，最后定量、定压地由模孔挤出，这段螺杆称为计量均化段，约占整机工作区域的 25%。

（2）螺杆的形式

螺杆是挤压膨化机的核心部件，其结构形式多种多样，常用的螺杆如下：等距变深螺杆所有螺槽的螺距不变，而螺槽深度则逐渐变浅。计量均化段较浅的螺槽有利于加强剪切混合，同时物料与套筒的接触面积较大，易从外部吸收热量，但受到螺杆强度的限制，不能用于压缩比较大的小直径螺杆。

①等深变距螺杆。进料口处的螺杆具有较高的强度，便于提高生产能力，但在计量均化段剪切混合作用较差，甚至会出现熔融料的倒流现象。

②变深变距螺杆。在螺槽深度逐渐变浅的同时，螺距亦逐渐变小，具有前两者的优点，可得到较大的压缩，但制造较困难。

③带反向螺纹的螺杆。压缩熔融段或计量均化段加设反向螺纹，可使物料产生倒流，进一步提高挤压及剪切强度提高混合效果。为扩大物料对流混合区域，通常在此处螺纹上开设沟槽。

### 3. 双螺杆挤压膨化机的挤压形式

双螺杆挤压膨化机与单螺杆挤压膨化机的功能相似，但在工作原理上存在较大的差异，主要体现在强制输送、强烈混合方面。双螺杆挤压膨化机内的挤压过程因螺杆结构、配置关系、运动参数等差异而大不相同。

（1）双螺杆的啮合形式

双螺杆挤压膨化机的螺杆啮合形式主要有非啮合型、部分啮合型和全啮合型。非啮合型的两螺杆轴距至少等于两螺杆外半径之和，其工作原理与单螺杆挤压机基本相同，物料的摩擦特性是控制输送的主要因素，该啮合形式的挤压膨化机在食品加工中应用较少。啮合型是一根螺杆的螺棱顶部与另一根螺杆的螺槽根部设计留有间隙，作为物料的流动通道。全啮合型在一根螺杆的螺棱顶部与另一根螺杆的螺槽根部无任何间隙。

双螺杆旋转方向分为向内异向旋转、向外异向旋转和同向旋转三种方式。两根螺杆向内异向旋转时，进料口处物料易在啮合区上方形成堆积，加料性能差，影响输送效率，甚至出现起拱架空现象；向外异向旋转时，物料可在两根螺杆的带动下，很快向两边分开，充满螺槽，迅速与套筒接触吸收热量，有利于物料的加热、熔融。

（2）双螺杆的挤压过程

异向旋转型双螺杆挤压过程在半封闭设计中螺杆啮合处的螺棱顶部与螺槽根部之间形成较高的压力而产生摩擦，摩擦将随着螺杆转速增加而增大。异向旋转双螺杆一般仅适于低速作业，产量较低，螺槽内的物料不能受到完全相同的剪切作用和实现较好的扩散，这种结构的优点是挤压作用强、输出效率高、停留时间分布窄，但混合不足、产量低、产品的一致性差以及螺杆和料筒的使用寿命短。为了提高混合效果，减小局部高压，可选择较小螺棱宽度和较大螺杆间隙，但回流的可能性增加，使得挤压机对螺杆头部的压力变化更敏感，故仅限于混合段使用，挤出段必须保持较小的间隙。

同向旋转型双螺杆挤压过程在同向旋转型双螺杆挤压室内无法形成封闭腔，连续的螺纹通道允许物料从一个螺杆的螺槽进入到另一个螺杆的螺槽，形成漏流，切向压力建立不起来。物料本身使螺杆处于料筒中央，螺杆与料筒之间和螺杆与螺杆之间允许间隙存在，仍具有自洁作用。在啮合区没有局部高剪切作用，从而减小机械磨损。螺杆的自洁作用防止了物料黏附于螺杆之上，避免了热敏性物料烧焦，加速了物料的扩散分布，进而缩短了停留分布时间。与异向旋转式相比，其输送能力较差，但混合能力强，与套筒的摩擦小，目前最为常用。

## 三、挤压膨化食品加工工艺

挤压膨化食品是指将原料经粉碎、混合、调湿后送入挤压膨化机，物料在挤压膨化机中经高温蒸煮并通过特殊设计的模头挤出膨化成型。在实际生产中一般还需将挤压膨化后的食品再经过烘焙或油炸等处理以降低食品的水分含量，延长食品的保存期，并使食品获得良好的风味和质构。为获得不同风味的膨化食品，还可进行调味处理，然后在较低的空气湿度下，使膨化调味后的产品冷却后立即进行包装。典型的挤压膨化食品加工工艺流程如下：原料→混合→调理→挤压蒸煮、膨化、切割→焙烤或油炸→冷却→调味→称重→包装→成品。

由于挤压膨化食品的种类较多，因此对于特定的挤压膨化食品，其加工工艺和技术参数均有所不同。

# 第二节　微波膨化技术

微波在食品加工中应用的第一例是土豆条的干燥。土豆条首先在热油中煎炸，产生均匀的颜色，接着进行微波干燥。20 世纪 60 年代中期，欧洲和美国的大部分公司都利用微波干燥土豆条。

微波加热的特点之一是物料内外同时受热。物料在微波场的作用下，有利于物料内部水分的迅速汽化和迁移，并形成无数的微孔通道，使组织酥松。如果选择的原料适当，加以合理地操作加热工艺，即可获得良好的膨化效果。微波焙烤过程中或多或少地具有膨化作用。

微波膨化技术是随着微波能在食品加工中的应用而发展起来的，它是微波加热干燥的一个特殊应用。目前，微波膨化食品的加工应用主要有三个方面：对淀粉精制生料的膨化干燥加工；对蛋白质精制生料的膨化干燥加工；对谷豆类、根茎瓜菜类的膨化干燥加工。

在我国，微波膨化技术还处在起步阶段，在微波膨化设备专门化方面研究不多。即使在发达国家，微波膨化也是一个新课题。近年来，随着我国社会经济的发展及生活节奏的加快，人们对方便食品、早餐食品、快餐食品的需求量日益增大，微波膨化食品必定有广阔的发展前景。

## 一、微波膨化原理

### （一）微波膨化原理

微波对物料的作用主要包括热效应、化学效应和生物学效应，可用于不同的目的。微波膨化主要利用的是微波的热效应，即通常所指的微波加热。

传统加热方式都是先加热物体表面，然后热量由表面传到内部，物料中水分的蒸发也是由表及里。微波加热，可对物料内外进行“整体”加热。微波本身并不产生热，它只是在被物料吸收后才会发热。物质的基本化学组成是原子和分子，多数分子是电中性的，但它们可被电离而带电，此现象称为分子的“极化”。

极化的分子（极化分子）形成正负两极，它们在电场中会产生定向排列。食品中，水是最易极化的分子，因为它很容易形成正负两极；其他电解质，如食盐或细胞介质等，因有带不同电荷的离子存在，也很容易形成离子化电导体。交流电场的方向因频率的不同而呈不同速度的改变，频率越高，则电场方向的交替变化速度越快，从而导致电场中的极性分子以不同的速度改变方向而产生摆振。微波是高频的电磁波，因此微波场中的极性分子处于高度摆振状态，如在 2450MHz 的微波场中，摆振频率达到 0. 408 亿次/min，分子运动的结果造成分子间的碰撞和摩擦加剧，因而产生大量的热量。

微波膨化正是利用微波能量到达物料深层，转换成热能，将物料深层水分迅速蒸发形成较高的内部蒸汽压力，迫使物料膨化。高蛋白、高淀粉、高胶原或高果胶的物料由于加热后这些化学组分“熟化”，有较好的成膜性，可以包裹气体，产生气泡；气泡内水分和空气较难泄出而处于高度积聚待发状态，从而能产生较好的膨化效果。

### （二）微波膨化过程

首先，只有当微波功率足够大时才能保证物料内部水分充分汽化、蒸发，物料才能够膨化。微波膨化物料的过程分为三个阶段，即升温阶段、相变阶段和固化阶段。在升温阶段，物料内水分首先吸收微波能并快速升温，但尚未达到汽化温度，淀粉、蛋白质等成分逐渐变性，因此物料体积没有明显的变化，膨化度小，增加速率也较慢。在相变阶段，物料达到水分的汽化温度后，其内部水分发生相变急速汽化，产生强大的蒸汽压强使物料体积急剧膨大，水蒸气大量逸出；此阶段初期物料迅速升温至 100℃ 以上，然后由于水分的蒸发，使温度保持在 100℃左右。在固化阶段，当水分充分逸出后，物料温度开始升高，物料在高温下干燥固化并形成微孔，得到膨化产品。因此，适当增大微波强度，可增大膨化过程中膨化度的速率，并缩短膨化时间。

## 二、微波膨化设备

微波加热器按微波场的作用形式可分为驻波场谐振腔加热器、行波场波导加热器、辐射型加热器和慢波型加热器等四大类型，其结构形式有箱式、隧道式、平板式、曲波导式和直波导式等。微波加热器类型的选择取决于加工物料的形状、数量及工艺要求。例如，被加热物料体积较大或形状复杂时，为了获得均匀的加热，可采用隧道式谐振腔型微波加热器；对于薄片物料，一般可采用曲波导或慢波结构的加热器；对于小批量生产或实验室样品试验，可采用小型谐振腔加热器。

由于微波膨化食品的形状多为片状或块状，因此小批量生产或实验室样品加工常采用小型谐振腔加热器，大批量生产时多采用隧道式谐振腔型微波加热器。

## 三、微波膨化食品加工工艺

微波膨化适用的原料种类和产品形态多样，因此加工工艺也有较大差别。总结不同原料的微波膨化加工工艺的共性特征，主要有针对粉状物料和块（片）状物料的两种微波膨化加工工艺。

### （一）以粉状物料为原料的微波膨化食品加工工艺

以粉状物料为原料的微波膨化食品加工的典型工艺流程如下：

原料→混合→调湿→揉捏→蒸煮→辊轧→切分→预干燥→水分均衡→微波膨化干燥→冷却。

（1）原料。所用原料为干粉，分散性好，有利于形成均匀的膨化食品组织。原料通常由两种或两种以上食品物料构成。

（2）混合。将不同的粉料混合均匀，以提高后续工序的生产效率和产品质量。

（3）调湿。向混合料中加入适量的水，以保证蒸煮时物料充分糊化、变性。

（4）揉捏。通过机械捏合，促进物料对水分的吸收，提高物料的塑性和黏弹性。

（5）蒸煮。一般采用水蒸气蒸煮一定时间，使淀粉等高分子组分糊化、变性。

（6）辊轧。将蒸煮好的物料冷却后，用轧面机等充分辊轧成一定厚度的片带。

（7）切分。由于微波具有反射及衍射的特性，对不同几何形状物料的作用不同，膨化时会产生尖角效应，易导致膨化不均匀和局部焦糊。将片带切分成一定规格的坯料，通常以圆片为好。

（8）预干燥。采用热风干燥等方法，将坯料的含水率降低至满足微波膨化要求的范围。

（9）水分均衡。经预干燥的坯料含水率不均匀，若直接进行微波膨化易导致膨化不均匀。因此需将预干燥的坯料置于常温、密闭的空间中，保持一定时间，使坯料中的水分均匀分布。

（10）微波膨化干燥。以一定强度微波加热坯料一定时间，使之膨化、干燥。

（11）冷却。膨化干燥后，应迅速冷却，避免产品吸湿。

该工艺主要适用于以富含淀粉、蛋白质的粉料为主要原料，可辅以果蔬粉等的休闲食品加工。

### （二）块（片）状物料的微波膨化食品加工工艺

以水果、蔬菜等为原料，经切块或切片加工的微波膨化食品较好地保持了原料本身特有的品质特征，是一类深受消费者青睐的非油炸膨化果蔬产品，其典型工艺流程如下：

原料→去皮切块（切片）→护色→（蒸煮→）预干燥→水分均衡→微波膨化干燥→冷却。

与以粉状物料为原料的微波膨化食品加工工艺相比，该工艺的主不同在于：选择新鲜、无虫蛀、无霉变的水果、蔬菜、薯类等为加工原料；对于表皮较厚、不易膨化或不能食用的表皮应去除，并以清水清洗；许多新鲜果蔬在加工过程中易发生褐变，可采用热烫或添加护色剂等方法对切分的物料进行护色处理，防止褐变发生；对于不能鲜食的原料，如马铃薯、甘薯等，应进行蒸煮处理，使之熟化。

## 四、微波膨化食品加工实例

### （一）微波膨化米饼的加工

微波膨化米饼是以糯米粉为主要原料加工而成的一种休闲食品，是以粉状物料为原料加工微波膨化食品的典型代表之一。

1. **原料与配方**

糯米粉95%，食盐3%，蔗糖2%。

2. **工艺流程**

糯米粉→调浆→糊化→调粉→制坯→蒸煮→老化→切片→预干燥→均衡水分→微波膨化干燥→冷却与包装。

3. **技术要点**

（1）调浆。取总量20%的糯米粉，加水调制成浆，糯米粉与水的比例以1∶1.5为宜。

（2）糊化。将糯米粉浆料加入至夹层锅中边加热边搅拌以防焦化，维持浆料温度70℃～85℃，至浆料呈半透明糊状为止。

（3）调粉。在糊化后的浆料中加入剩余的糯米粉及食盐、蔗糖，在混合机中充分混合，调制成米粉团。

（4）制坯。制坯的形状以圆柱形为好，厚度为2.5cm。

（5）蒸煮。将坯料蒸煮约30min，使淀粉完全变性。

（6）老化。在0～5℃环境中放置8～12h，使坯料老化定型。

（7）切片。切片厚度为2～3mm，厚度应一致。

（8）预干燥。以50℃热风将老化的饼坯干燥至含水率16%～18%。

（9）均衡水分。将预干燥的饼坯在2～5℃环境中放置20～28h，使饼坯中的水分均匀分布。

（10）微波膨化干燥。采用微波膨化机对饼坯加热膨化和干燥，微波功率为5～7W/g，时间为70～80s。

（11）冷却与包装。经微波膨化的米饼需快速冷却，可采用风机吹风冷却的方法，避免米饼吸湿回潮。冷却的米饼以充氮包装为宜，可防止产品储运过程中破碎现象的发生。

### （二）微波膨化苹果脆片的加工

苹果中淀粉含量较低，微波膨化时主要是利用微波高效加热使苹果内部水分快速蒸发产生的内外压差促使苹果组织的膨化。微波膨化加工的苹果脆片是目前果蔬脆片中的最常见产品之一。

1. 工艺流程

微波膨化苹果→切片→护色、硬化→预干燥→水分均衡→微波膨化干燥→冷却成品包装。

2. 技术要点

①成熟度。用于微波膨化加工的苹果成熟度不能太高，若成熟度高其细胞壁较薄，膨化时易导致组织崩解、产品的外观和口感不良。苹果的成熟度以70%~80%为宜。

②切片。将苹果去除表皮、核后，以清水洗清干净，切成5mm厚的片。

③护色、硬化。将切好的苹果片放入护色液中浸泡0.5h，防止其褐变的同时，提高其脆性。护色液是由质量分数0.5%柠檬酸、0.2%亚硫酸氢钠、0.4%氯化钙、0.5%食盐所配置而成的水溶液。

④预干燥。将护色的苹果片反复冲洗后，沥干表面水分，将其放入烘箱中，以50~70℃干燥至含水率18%~22%。

⑤水分均衡。将预干燥的苹果片在常温环境中放置5h，使苹果片的水分均匀。

⑥微波膨化干燥。采用微波膨化机对苹果片加热膨化并干燥，微波功率为12~14W/g，时间为30~50s。

⑦冷却成品包装。经微波膨化的苹果脆片需快速冷却，并进行充氮包装。

## 第三节 油炸膨化技术

油炸膨化食品最先起源于马来西亚，是在许多东南亚国家颇受欢迎的一种酥脆型食品。随着世界各国食品工业的不断交往与渗透，这种油炸膨化食品作为一种风味食品逐渐风行至西方。

根据油炸膨化的温度和压力可分为高温油炸膨化食品和低温真空油炸膨化食

品。油炸膨化食品通过一系列的加工，如糊化、老化、干燥、油炸等，淀粉结构经历3次变化（α化、β化、膨化），不断改变淀粉粒与水之间的相互关系，最后通过油炸达到膨化目的。

油炸型膨化食品的主要特点是风味好、口感酥脆、易于消化，是消费者普遍接受的休闲食品之一。但是，油炸温度过高或油的多次重复利用会使油脂氧化、分解、聚合，生成羰基化合物、羟基酸等，影响产品风味且易产生有害物质；经过油炸膨化的食品通常残留较多的油脂，这也是人们饮食所忌讳的。近年来，随着水油混合式油炸、炸油分离除杂及抗氧化技术的不断发展，炸油的氧化问题得到了较好的解决，有效提高了其循环利用率；油炸膨化食品脱油技术的不断完善，有效降低了产品中的含油率。加工技术的全面发展，为高品质油炸膨化食品加工提供了可靠保障。

## 一、油炸膨化原理

油炸膨化食品的生产原料以面粉、玉米淀粉和薯类淀粉为主。首先对食品原料进行蒸煮使其中的淀粉发生糊化（α化）。此时，淀粉分子间氢键断开，水分进入淀粉微晶间隙，淀粉快速大量地不可逆吸收水分。再经冷却处理，淀粉又发生老化（β化），淀粉颗粒高度晶格化，包裹住在糊化时吸收的水分。在后续的油炸膨化过程中，淀粉微晶粒中的水分急剧汽化喷出，促使产品形成多孔疏松的结构。有时，油炸膨化还可借助膨松剂（如碳酸氢氨等）在高温时分解产生大量气体，使产品更易形成疏松的结构。

## 二、油炸膨化方式及设备

### （一）油炸膨化方式

根据油炸环境气压的高低，油炸方式可分为常压油炸膨化和低温真空油炸膨化。

#### 1. 常压油炸膨化

常压油炸膨化又分为纯油油炸膨化和水油混合油炸膨化。纯油油炸膨化是指油炸锅中只用油脂作为传热介质进行的油炸，由于在油炸过程中食物残渣会沉积于锅底不能与油分离，随着油使用时间的延长，油中食物残渣量增多，最终经反复油炸而成碳屑，不仅使油变得污浊、油品下降，而且会严重影响产品的品质；水油混合油炸是指在油炸锅中加入油和水，相对密度小的油处于油锅的上层，而水则沉于锅的底层，加热器水平设于油层中部。因此，食品在高温区油炸膨化，油炸时生成的残渣从高温油层落下，沉积于底部温度不高的水层中，避免了被高温反复油炸。同时，残渣中所含的油可部分上浮返回油层，减少了油的损耗，

常压油炸膨化的油温一般控制在160~180℃，有时还可高于200℃。在此高温油炸过程中，由于油始终处于高温状态，又与食品中释放出的水分和氧气接触，油很容易氧化酸败，生成羰基化合物、羟基酸、酮基酸和环氧酸等，这些物质会产生不良风味，并使油变黑；在无氧的情况下，油分子会聚合成环状化合物和高分子质量聚合物，这些物质使油的黏度增加，从而降低传热系数和加剧食品吸油，使食品的含油率增加。同时，油的某些分解物和聚合物（如环状单聚体、二聚体及多聚体）会对人体产生毒害。油炸过程中还会造成食品中的热敏性成分和脂溶性维生素的破坏或损失。

### 2. 低温真空油炸膨化

在减压的条件下，食品中水分汽化温度降低，能在短时间内使食品迅速脱水，实现在低温条件下对食品的油炸膨化。低温真空油炸膨化技术作为一种新的油炸膨化技术对于改善食品的品质、降低油脂的劣化程度也有很大的意义。低温真空油炸膨化工艺具有以下特点：

（1）油炸温度低，营养成分损失少，产品色泽保持较好。真空油炸的油温为100℃左右，对食品的内层和外层的营养成分损失均较小，且低温使含糖和蛋白质的食品产生美拉德反应速度降低，可保持食品良好的色泽。

（2）水分蒸发快，膨化时间短。在真空条件下进行油炸，可提高食品中水分的汽化速度，特别适用于含水率较高原料的油炸膨化。

（3）对食品具有良好的膨化效果，提高产品的复水性。在减压条件下，物料内的水分急剧汽化膨胀，组织体积迅速增大，产生良好的膨化效果，使产品具有良好口感。

（4）油脂劣变速度慢、油耗少。由于真空油炸采用的温度较低，且油炸空间处于缺氧或少氧状态，油脂与氧的接触少，可延缓油脂的氧化、聚合、分解等劣

变反应速度，延长油脂的使用寿命。不必在油脂中添加抗氧化剂，大大节约了生产成本，真空油炸还可降低产品的含油率（可控制在20%以下），提高产品的耐储性。

## （二）油炸设备

### 1. 常压油炸设备

（1）间歇式纯油炸设备

典型的间歇式纯油炸设备为电加热油炸机。该种油炸机结构简单，占地小，但生产能力较低。操作时，将待炸物料置于物料篮中放入油中炸制，炸好后将物料篮取出。由于油炸锅内的油呈静止状态，油温不均匀，易造成油的氧化和产品质量不稳定；油中的食物残渣不易去除，影响产品质量；热源在油锅底部，使得油锅的体积增大，从而加大了耗油量。

（2）间歇式水油混合油炸设备

间歇式水油混合油炸设备由加热装置、冷却装置、滤网和操纵机构等组成。冷却装置装在油水分界面处。上油层的加热采用内外同时加热的方式，截面为上大下小的结构，即上油层的截面较大，而下油层和水层的截面较小。该种结构可在保证油炸能力的前提下，减少下油层的油量，从而降低油的氧化变质，产品质量更好。冷却装置能自动控制油水分界面的温度在55℃以下。炸制过程中产生的食物残渣从滤网漏下，经水油分界面进入油炸锅下部冷水区，积存于锅底，定期由排污阀排除。油炸温度可根据所炸制食品的不同进行调节。

（3）连续式深层油炸设备

连续式深层油炸机的主要部件包括机体、成型料坯输送带和潜油网带。机体内装有油槽和油槽加热装置。待炸坯料由入口进入油炸机后，落在油槽内的网状输送带上。由于生坯在炸制过程中水分大量蒸发，体积膨松，比重减小，因此易漂浮在油面上，造成其上下表面色泽差异很大，成熟程度不一。因此油槽上设有潜油网带，强迫炸坯潜入油内。潜油网带与炸坯输送带回转方向相反，但速度一致，同步协助生坯前进。

油槽中油的加热方式主要有两种：一种为直焰式，靠燃烧重油或煤气通过间壁对食油加热；另一种为利用高压蒸汽在热交换器中将油加热。此外，也可采用远红外加热元件对油进行加热，使油温更加均匀，也更易控制，热效率高，耗能少。

这种连续式深层油炸设备可用作一般的纯油深层油炸设备，也可以设计成水油混合式深层油炸设备。后者必须在油槽中不仅设计加热管，而且还要设计冷却筒，同时在油槽中必须放入水和油，类似前述间歇式水油混合油炸设备。

#### 2. 低温真空油炸设备

（1）间歇式低温真空油炸设备

油炸釜为密闭器体，上部与真空泵相连。为了便于脱油操作，内设离心甩油装置，其由电动机带动。油炸完成后降低油面，使油面低于油炸产品，开动电动机进行离心甩油，甩油结束后破除真空，将产品从油炸釜中取出，再进行下一周期的操作。储油箱中油的循环由真空泵控制。过滤器的作用是过滤炸油，及时去除油炸产生的渣物，防止油被污染。该设备具有炸油循环过滤的功能，省去了单独的脱油设备，是一种较常使用的低温真空油炸设备。

（2）连续式低温真空油炸设备

设备的主体为一卧式筒体。待炸坯料由闭风器进入，落入具有一定油位的筒体内进行油炸，坯料由输送带带动向前运动，输送带的运动速度根据油炸要求设定。油炸结束后，炸好的产品由输送带带入无油区，输送产品一边在输送带上沥油，一边向前运动，最后由出料闭风器排出。炸油由进油管进入筒体，由出油口排出，过滤后循环使用。筒体通过接口与真空泵连接，以达到油炸时所需的真空条件。

该设备具有炸油循环过滤的功能，生产效率高。由于入料和出料均采用了闭风器，因此设备内的真空得以保持。但该种设备较复杂，造价较高，目前在生产中较少使用。油炸膨化适用于淀粉含量较高的物料的膨化。由于物料形态的不同，所采用的加工工艺也不同。因此，按照加工原料的形态进行分类，可分为以粉状物料为原料的油炸膨化工艺和以切片物料为原料的油炸膨化工艺。

## 三、油炸膨化食品加工工艺

油炸膨化适用于淀粉含量较高的物料的膨化。由于物料形态的不同，所采用的加工工艺也不同。因此，按照加工原料的形态进行分类，可分为以粉状物料为原料的油炸膨化工艺和以切片物料为原料的油炸膨化工艺。

## （一）以粉状物料为原料的油炸膨化食品加工工艺

### 1. 以粉状物料为原料的传统油炸膨化加工工艺

以粉状物料为原料的传统油炸膨化加工工艺流程如下：原辅料→混合→调湿→捏合→蒸煮→辊轧→老化→切分→预干燥→油炸膨化（调味）→冷却→包装→成品。

该工艺的主要特征是将原辅料混合均匀后，加适量的水搅拌使物料充分润湿，经捏合使物料均匀地吸收水分，蒸煮使淀粉糊化后辊轧成片带，通过较长时间的冷藏使淀粉老化，再将片带切分成所需的形状，经预干燥使其含水率降低至适合于油炸膨化的范围进行油炸膨化，将油炸的食品快速冷却后包装即为成品。传统的油炸膨化食品加工工艺加工工序较多，生产周期较长，工艺控制难度较大，设备占地面积也较大。

### 2. 挤压蒸煮与油炸膨化相结合的加工工艺

随着挤压蒸煮技术的快速发展，以挤压蒸煮与油炸膨化相结合的新工艺已成为发展潮流。典型的加工工艺如下：原辅料→混合→调湿→挤压蒸煮→切分→老化→预干燥→油炸膨化（→调味）→冷却→包装→成品。

该工艺采用挤压蒸煮技术，使得传统工艺中的捏合、蒸煮、切分等工序由一台挤压蒸煮机完成，大大简化了加工工艺，有效地提高了生产效率，且操作简便，产品质量好。

### 3. 非蒸煮油炸膨化加工工艺

对于淀粉含量高的物料，由于淀粉具有很强的膨胀能力，因此相应的加工工艺可进一步简化，并可获得很好的膨化效果。典型的加工工艺如下：粉料配制→粉料混合→粉料与液料搅拌混合→压片→切片→油炸膨化（→调味）→冷却→包装→成品。

该工艺先将粉料混合后再与料液混合，经压片和切片后即可进行油炸膨化，加工工艺简单。需要指出的是，由于该工艺省去了蒸煮熟化、老化等工序，因此仅适用于淀粉含量高的物料的油炸膨化。通常，谷物或薯类原料中的淀粉含量并不是很高，为了保证油炸膨化效果和产品良好的口感，需在粉料配制时加入一定量的淀粉，如马铃薯淀粉、玉米淀粉、小麦淀粉等，其中马铃薯淀粉能够更好地提高油炸膨化产品的膨化程度。

### （二）切片物料油炸膨化食品加工工艺

该种工艺适用于新鲜薯类原料，经切片等前处理后，进行油炸膨化，加工成油炸脆片食品。典型的加工工艺如下：原料→去皮→切片→护色→烫漂→冷却→冻结→油炸膨化（脱油→调味）→冷却→包装→成品。

将原料去皮，切成一定厚度的薄片，经护色后，烫漂灭酶并使淀粉糊化。将糊化的切片冷却，速冻冷冻至-18℃以下，使切片中的水分迅速形成冰晶，可避免油炸膨化时薯片外形卷曲、表面不平整以及表面起泡等问题，使脆片组织多孔疏松、口感酥脆。经冷却、包装后即为成品。

无论上述哪种加工工艺，食品经油炸后存在不同程度的含油率。油炸膨化食品含少量的油脂可赋予产品良好的风味和口感，但含油率过高会增加生产的耗油量，同时还会影响产品的品质和风味，也将直接影响产品的耐储性。因此，含油率高的油炸膨化食品应进行脱油处理。为降低油脂的黏度，脱油最好在热油状态下进行，脱油可采用常压离心脱油，也可在真空状态下甩油。有些经油炸膨化的食品还需进行调味。应当在油炸膨化完成时，趁热喷涂调味料，随着后续的冷却，调味料黏附于油炸膨化食品的表面。

油炸膨化食品不宜采用透明材料包装，以防止光对油脂的氧化起促进作用，最好采用铝复合袋或含有紫外线吸收剂的塑料薄膜。为了防止产品的氧化，还可将抗氧化剂用无纺布包装袋封装，与膨化的食品一同装入包装袋中并密封，这样抗氧化效果更佳。

## 四、油炸膨化食品加工实例

### （一）常压油炸膨化小食品

#### 1. 原料与配方

木薯淀粉 35%，玉米淀粉 35%，面粉 25%~30%，膨松剂 1%~3%，调味粉适量。

2. 工艺流程

常压油炸膨化食品的加工工艺流程如下：原料混合→蒸煮搅拌→辊压→卷筒→冷却老化→切割成型→一次烘干→存放→二次烘干→油炸膨化→冷却包装。

3. 技术要点

①原料混合。混合按配方的比例称取原料，并进行充分混合。

②蒸煮搅拌。将混合的原料放入搅拌蒸煮机中，加适量的水搅拌，同时用压力为0.2~0.4MPa的蒸汽加热4~5min，蒸透、搅匀，使淀粉充分糊化。蒸煮后面团的含水率控制在40%左右。

③辊压。蒸煮好的面团趁热辊压形成1~3mm厚的面皮。压辊间隙为0.5~2.5mm，两端间隙应相同，保证面皮的厚度均匀一致。

④卷筒。辊压好的面皮经冷却机冷却后，用卷皮机在直径为18mm不锈钢管上卷成面卷。

⑤冷却老化。将面卷置于20℃以下（最佳温度3~6℃）、相对湿度50%~60%的库房中存放24h，使淀粉老化。

⑥切割成型。将老化后的面卷按所需长度规格在成型机上压纹并切割成型。

⑦一次烘干。烘干温度为50~60℃，使面卷的含水率降至15%~20%，此时半成品表面已形成晶格结构，但内部水分较多，未形成晶格结构。若一次烘干后含水率过高，一方面存放时易霉变，另一方面不能达到一次烘干后面卷表面晶格化的目的；若含水率低，则表面晶格化过度，使水分不易渗透均匀，增加了二次烘干的难度，造成膨化不均匀。

⑧存放。存放是为了使半成品内部水分渗透出来，分布均匀，有利于二次烘干和膨化均匀。存放时间应在24h以上，使半成品呈柔软状，不易折断。

⑨二次烘干。烘干温度为70~80℃，烘干后面卷的含水率为8%左右。若含水率过高，油炸时水分蒸发较慢，导致膨化不良，产品口感不脆、粘牙；若含水率过低，油炸时形成的水蒸气量不够，膨化不良。二次烘干后半成品内部已充分晶格化，水分均匀分布在晶格中。

⑩油炸膨化。油炸一般用棕榈油，油温为190℃，时间为6~8s。

⑪冷却包装。油炸膨化后迅速冷却，进行充氮包装。

### （二）挤压与油炸膨化小食品

#### 1. 原料与配方

玉米粉 70%，小米粉约 30%，调味料少许。

#### 2. 工艺流程

挤压与油炸膨化小食品的加工工艺流程如下：玉米粉、小米粉混合加水搅拌→挤压蒸煮→切分、预干燥→油炸膨化→调味→冷却与包装。

#### 3. 技术要点

①玉米粉、小米粉混合加水搅拌。将粉料按配方充分搅拌混合。加入 36%～40%的水，充分拌匀。

②挤压蒸煮。将湿料加入螺杆挤压机中，调控挤压温度和压力，使挤出的半成品完全熟化，但不膨化。若发生膨化，说明原料过干，加水搅拌过程中应适当增加水的比例。

③切分、预干燥。挤出后的面条，晾晒至互不相粘连；切成 3cm 长的圆柱体，晒干。也可采用热风干燥的方面去除面条中的水分，干燥温度应低于 70℃。

④油炸膨化。将晒干的半成品倒入油锅内，油温控制在 90～110℃。待完全膨化后，立即捞出。

⑤调味。趁热撒入调味料，并进行适当的翻动，使调味料均匀地黏附在成品表面。

⑥冷却与包装。调味后迅速冷却，并进行充氮包装。

### （三）真空油炸薯片

油炸膨化薯片是一类油炸休闲食品，由于该类产品较好地保持了原料的基本特征，且风味佳、口感脆，因此深受消费者的喜爱。常见的油炸膨化薯片有油炸马铃薯脆片、油炸红薯脆片等。

#### 1. 工艺流程

真空油炸薯片的加工工艺流程如下：原料清洗去皮→切片→护色、烫漂→速冻→油炸膨化→脱油→调味→包装。

2. **技术要点**

①原料清洗去皮。原料的处理采用流动的清水洗去原料表面的泥土和污物，去除表皮后以清水冲洗干净。

②切片。将去皮的原料送入切片机，进料速度要均匀，切成厚度为薄片。切片后的薯片须浸入水中漂洗，以免暴露在空气中氧化褐变。

③护色、烫漂。将切片浸入0.10%的$NaHSO_3$和0.10%的柠檬酸混合溶液中，浸泡5min；在95~100℃的热水$\phi$烫漂3min，达到破坏酶活性的目的。

④速冻。切片经烫漂后立即冷却，为在-38℃条件下冷冻约30min，使切片的中心温度低于-18℃。

⑤油炸膨化。油炸膨化以真空油炸为好。薯片入锅温度为80~100℃，真空度为40~70kPa。

⑥脱油。采用离心脱油机对油炸膨化的薯片脱油，脱油时薯片的温度为70~90℃。

⑦调味。经调味机着味后，即制成风味油炸薯片。

⑧包装。将调味后的薯片冷却至室温后，定量包装。为延长保质期，多采用铝塑料复合袋真空充氮包装。

## 第四节　气流膨化技术

气流膨化技术是近年来发展较快的一种新型膨化技术。起初，该技术的研究与应用主要集中于富含淀粉的谷物、薯类等原料的膨化加工，一般多用于加工休闲食品。早期对果蔬膨化的研究认为，自然状态下的果蔬并不能发生膨化，因为膨化过程中物料发生爆裂现象。后续的研究发现，每种物料在特定压力下，在限定的水分含量内可以形成多孔的结构，而不发生爆裂。水分与压力之间紧密联系，原料的强度与破裂力必须平衡。果蔬气流膨化是利用果蔬原料组织内部水分在适当的温度和压力条件下发生瞬间相变化（由液相转变为气相），使原料组织膨胀，高分子物质结构变性，组织网状结构形成。

气流膨化后干燥的产品，具有复水率高、复水速度快、色香味好等优点，与冷冻干燥产品类似。目前主要生产的果蔬膨化食品，是以新鲜果蔬为原料，经过清洗、去皮、去核、切分（或不切分）、预干燥、均湿等前处理后，采用低温高压膨化设备膨化并干燥。

## 一、气流膨化原理

食品物料在一密闭容器中被加热，使其中的水分汽化、容器中的空气膨胀产生高温高压，然后在瞬间将物料从高温高压的容器中突然释放到常温常压环境，使物料中的水分迅速汽化、闪蒸，产生类似于“爆炸”的现象，使物料组织呈现海绵状结构，体积膨胀增大几倍至十几倍，这一加工过程称为气流膨化。

气流膨化过程可分为两个阶段，第一个阶段为相变增压阶段，此时物料内部的液体因吸收热量而发生汽化，膨化罐内气体压力开始升高；第二个阶段为释压膨化阶段，当膨化罐内压力增大到预期值后，使膨化罐迅速卸压，在巨大压差的作用下，物料内部水分闪蒸逸出带动物料体积膨胀。

气流膨化后的物料需经历定型固化阶段才能形成稳定的多孔固体结构。由于瞬间压差导致物料内部水分汽化闪蒸、体积膨胀，部分失水后再继续干燥，使已膨胀的组织定型，形成海绵状的膨化产品。

## 二、气流膨化设备

### （一）气流膨化设备的分类

气流膨化的设备类型较多，常用的气流膨化设备可按以下方式进行分类。

#### 1. 按生产的连续化程度分类

按生产的连续化程度气流膨化设备可分为间歇式气流膨化机和连续式气流膨化机。前者结构较简单，使用维护较方便，但生产效率较低；后者结构较复杂，对密封、传输等工作部件要求较高，设备造价较高，但生产效率高。

#### 2. 按加热方式分类

按照对物料的加热方式分类，可分为直接加热式和间接加热式两大类。直接加热式气流膨化机是采用过热蒸汽或微波、远红外线等对物料直接加热，具有热效率高、物料升温速度较快的特点，对加热的均匀性要求高，否则易引起膨化不均匀；间接加热式气流膨化机多采用燃气、电加热等方式对膨化室的外壁加热，再由膨化室外壁对物料加热，该种加热方式热效率较低，适用于膨化室较小的气流膨化设备。

3. 按膨化动力分类

按膨化动力分类可分为独立式气流膨化机、真空–气流膨化机、压力补偿气流膨化机等。独立式气流膨化机完全依靠物料内部与大气环境的压力差及物料中过热液体闪急蒸发提供膨化动力；真空–气流膨化机利用物料内部与真空容器之间的压力差及物料中过热液体闪急蒸发提供膨化动力；压力补偿气流膨化机是向膨化室内通入压缩气体并使其进入至物料内部，再对物料加热，提高膨化的压力差，从而提高膨化动力。

### （二）典型的气流膨化设备

1. 间接加热式气流膨化机

该种设备是结构最简单的气流膨化设备，在我国有着悠久的应用历史。该类设备主要以燃煤、燃气等热源对膨化室内的物料加热，近年来也有采用电加热的方式对膨化室中的物料加热，避免了环境污染。

该设备的膨化工艺主要包括四个阶段，即装料、加盖密封、加热、开盖膨化。这种设备的不足之处是只能间歇地工作，产量低，生产效率不高，热效率低。尽管加热过程中容器（膨化室）连续回转，但物料受热仍不均匀，物料彼此之间、物料与容器壁直接接触，易造成物料粘连。主要适用于谷物的膨化。

2. 连续式气流膨化机

连续式气流膨化机是一种直接加热式气流膨化机，主要包括两个进料阀、一个蒸汽夹套加热室、一个出料阀和一个卸料器。经部分干燥的物料以一定的速度连续喂入料斗。阀一打开物料便进入缓存室，阀一随即关闭，此时缓存室通入过热蒸汽（或压缩空气），使室内压力达到与加热室同样的压力；然后开启阀二，物料即落到加热室内的输送带上，阀二随即关上，缓存室降至常压。当物料以一定速度通过加热室运出时，喂料周期又重复进行。输送带以一定的速度输送物料，使物料在加热室内停留所需的时间，并由一定压力（温度）的过热蒸汽对其加热；物料经加热后从输送带上落到阀三的顶部。阀三定期开启，使物料落至缓存室二中，然后关闭阀三迅速开启卸料器，物料立即卸出机外，同时发生快速膨胀和脱水；卸料后卸料器关闭，向缓存室二通入过热蒸汽，使其中的压力达到与加热室同样的压力。各阀门的开启和关闭均由自动控制系统控制，上述过程反复循环，实现物料的连续膨化。

一般的加热室多为夹套结构，夹套内的蒸汽可保证加热室内作为热源的过热蒸汽压力和温度的稳定，防止加热室内过热蒸汽冷凝，特别是防止产生冷凝水被物料吸收而影响膨化质量。该种气流膨化机具有生产效率高、节省劳力、膨化均匀等优点，但结构较复杂，对阀门的密封性和使用寿命均有较高的要求。目前该种设备在发达国家已用于生产中，在我国较少使用。我国常用的直接加热式气流膨化机多为间歇式。

3. 真空–气流膨化机

真空–气流膨化机组主要由膨化罐、真空罐、真空泵、蒸汽发生器、卸压阀、控制系统等组成。真空罐的体积一般为单个膨化罐体积的5~10倍，以保证高压的膨化罐与真空罐连通时提供较大的压力差，为物料膨化提供足够的动力。

装料前关闭卸压阀，开启真空泵，使真空罐内压力始终维持在较低的水平；打开一个膨化罐的罐门，加入待膨化的物料后关闭罐门；开启蒸汽阀门，使过热蒸汽进入到膨化罐中，对物料加热一定时间后关闭蒸汽阀门；迅速开启卸压阀，使膨化罐与真空罐连通，物料得以膨化；物料膨化后，关闭卸压阀，开启膨化罐的罐门，将膨化的物料卸出。

通常，一个真空–气流膨化机组有2个或更多膨化罐，可交替工作，以提高生产效率。该设备具有生产能力大、应用范围广的特点。

## 三、气流膨化食品加工工艺

气流膨化多用于谷物和果蔬的膨化，其加工工艺有所不同。

## （一）谷物的气流膨化工艺

气流膨化谷物食品的典型加工工艺流程如下：

原料→清理除杂→水分调节→进料→加热升温、升压→气流膨化→调味和包装。

（1）原料

用于气流膨化的谷物类原料，形状为粒状。一般要求原料表面有较密的皮层，以利于其内部产生较高的膨胀压力。

（2）清理除杂

为保证产品的食用卫生质量，在加工前必须除去原料中的泥块、石块、杂粮粒、金属杂质等。

（3）水分调节

一般情况下，气流膨化时要求谷物含水率控制在13%~15%。原料含水率过低时，则需增加原料水分，可采用喷雾着水的方式加水。为使原料中的水分分布均衡，着水后的原料需放置一段时间平衡水分。

（4）进料

间歇式气流膨化机的加卸物均需在停机状态下进行，连续式膨化机则必须满足进料的连续。由于气流膨化机加热室压力较高，因此要求进料器在完成连续、均匀、稳定进料的同时，还必须保证加热器的密封性，否则难以控制加热室中物料的受热程度，影响产品的质量。

（5）加热升温、升压

由于谷物原料膨化所需的动力一般较大，因此通常需要较高的膨化温度和膨化压力，亦采用过热蒸汽直接加热物料或燃气、电热间接加热物料的方式。物料的升温和升压是在加热室（膨化罐）中完成的，温度一般为140~225℃，相应的压力一般为0.1~0.85MPa，温度和压力应根据具体的原料和所需的产品膨化度要求进行控制。

（6）气流膨化

被加热的物料在加热室中蓄积大量能量，达到一定的温度和压力并保持一定时间后，使膨化室瞬时卸压，物料得以膨化。

（7）调味和包装

对膨化产品可进行适当的调味。把调味料均匀喷洒在膨化产品的表面，要求喷洒均匀。为保证产品的酥脆性，要求调味后立即称量包装。包装材料可根据保存时间来选择，一般采用充氮包装。

## （二）果蔬的气流膨化工艺

气流膨化果蔬食品的典型加工工艺如下：果蔬切分→护色→预干燥→加热升温、升压→气流膨化及干燥→冷却包装。

（1）果蔬切分

经清洗的果蔬切分成一定的尺寸规格，切分的果蔬厚度和大小应一致，才能保证膨化的均匀度。

（2）护色

一般用热水或蒸汽漂烫切分的果蔬片，使其中的酶钝化，防止果蔬褐变，也可采用护色液浸泡切分的果蔬，达到护色的目的；护色后需用清水冲洗。

（3）预干燥

可采用热风干燥、真空干燥、薄层干燥等方式除去果蔬片中的部分水分。通常，预干燥的果蔬含水率为15%~38%。应根据原料品种、切片厚度、气流膨化的加热及加压方式等因素确定合理的预干燥果蔬的含水率。

（4）加热升温、升压

尽管不同果蔬原料的成分构成和组织形态差异较大，但总体而言所需的膨化动力较谷物膨化低些。因此，各种气流膨化方法均可用于果蔬的膨化，但因原料种类、气流膨化方法等的不同，加热温度、膨化压力差以及物料在膨化罐中的滞留时间等工艺参数均有很大的差异。一般来说，当膨化压力差一定时，增加温度，应缩短物料滞留时间；当滞留时间一定时，增大膨化压力差可提高膨化动力，因此加热温度可适当降低。

（5）气流膨化及干燥

当膨化罐中的温度和压力达到所需值并保持一定时间后，即刻打开膨化罐门，突然释放压力，使果蔬膨化；膨化后通常需进行进一步干燥处理，使物料含水率降至安全水分以下。若采用真空-气流膨化方法，可采用多次膨化，并在多次膨化过程中使物料达到安全水分要求。

（6）冷却与包装。经膨化的果蔬需快速冷却，并进行充氮包装。

## 四、气流膨化食品加工实例

不同的气流膨化方法决定了其膨化技术参数差异大。不同物料的特性差异很大，即使采用同样的气流膨化方法，其膨化技术参数也有着很大的差别。以下举例说明具有良好发展前景的过热蒸汽膨化和真空-气流膨化技术的应用。

### （一）过热蒸汽膨化食品

#### 1. 过热蒸汽膨化谷物

膨化前谷物的含水率控制对过热蒸汽膨化效果影响很大，通常应控制在13%~15%的范围内。

过热蒸汽膨化谷物的技术参数及膨化效果见表5-1。

表 5-1 过热蒸汽膨化谷物技术参数及膨化效果

| 谷物名称 | 蒸汽压力/MPa | 温度/℃ | 膨化率/% |
|---|---|---|---|
| 玉米 | 0.60~0.75 | 190~225 | 95 |
| 大豆 | 0.60~0.70 | 190~220 | 100 |
| 糯米 | 0.60~0.70 | 170~180 | 95 |
| 花生米 | 0.40~0.60 | 170~200 | 100 |
| 大米 | 0.75~0.80 | 180~200 | 100 |
| 绿豆 | 0.70 | 140~180 | 95 |
| 高粱米 | 0.75~0.80 | 185~210 | 95 |
| 小黄米 | 0.75~0.80 | 180~210 | 95 |

#### 2. 过热蒸汽膨化果蔬

果蔬在加工过程中易发生褐变，通常需进行护色处理。膨化前物料的尺寸和含水率是重要的控制技术参数。

### （二）真空-气流膨化食品

真空-气流膨化是一个多次膨化的过程，是将原料放入压力罐后加热至一定的温度；当观察孔的玻璃板上有大量的水滴形成时，打开压力罐与真空罐之间的大流量阀门，使压力罐中的压力迅速降低，从而引起物料的膨化；当观察孔玻璃上凝聚的水滴大部分消失后，将阀门关闭，压力罐中的压力将逐渐升高。如此反复几次后，直至观察孔上凝聚的水滴大量减少，看到原料膨化较好时停止加热，完成膨化。

由于多次膨化，可使物料充分膨化，产品具有较大的膨化度；真空-气流膨化具有较大的膨化压力差，膨化动力较大，因此所需的膨化温度较低，有利于减少果蔬中热敏性成分的变化和色泽的劣变，产品品质好。

# 第六章 食品保藏技术

## 第一节 食品的化学保藏

### 一、食品防腐剂

防腐剂（antimicrobial preservatives）是指对微生物具有杀灭、抑制或阻止生长作用，能防止由于微生物引起的腐败变质，以延长食品保质期的食品添加剂。

防腐剂按其来源可以分为有机防腐剂和无机防腐剂两类。有机防腐剂主要有苯甲酸及其盐类、山梨酸及其盐类、对羟基苯甲酸酯类和丙酸盐等；无机防腐剂有二氧化硫、亚硫酸盐等。

此外，还有乳酸链球菌肽等肽类抗生素。

为了正确有效地使用防腐剂，应充分了解：(1) 引起食品腐败的微生物种类；(2) 各种防腐剂的性能及其使用方法；(3) 影响防腐效果的主要因素。然后根据食品的性质、保藏状态和预期保藏时间来确定所用防腐剂的品种、用量及使用方法。

#### (一) 食品防腐剂应具备的条件

食品防腐剂大多以添加剂的形式融入食品之中，成为食品的组成部分。因此，卫生安全、使用有效、不破坏食品的固有品质是食品防腐剂应具备的基本条件，三者应同时兼备，缺一不可。

**1. 卫生安全**

卫生安全是食品防腐剂和其他任何种类的食品添加剂使用时都要首先考虑的问题，防腐剂必须对人体无毒害。防腐剂在尚未确定其对人体毒害以前，必须经过足够时间的动物生理、药理和生物化学试验，为防腐剂的安全使用提供科学的依据。毒理学实验包括判明对人体脏器特别是肝脏和肾脏的急剧过敏和慢性中毒的可能性，搞清楚其代谢情况，致癌、致畸、致突变的可能性，实验动物的半致死剂量或致死剂量。另外，防腐剂使用后的卫生安全性还应表现在食用后不会引起不适之感，更不能发生中毒事件。

事实上，目前生产中使用的大多数人工合成的防腐剂，对人都有一定的毒性，尤其是过量使用和食用时，会对人体健康产生不利甚至非常有害的影响。因此，防腐剂的使用量必须是在能够产生预期效果的前提下的最低剂量，使用品种及其剂量必须严格执行食品添加剂的使用标准。

### 2. 使用有效

使用防腐剂的主要目的是抑制或者杀灭食品保藏过程中引起腐败变质的微生物，延长食品的保藏期。食品种类极多，理化性状差异很大，食品被污染的菌落不尽相同，各种防腐剂作用的菌落及对食品理化性状的适应性也有差异。同一种防腐剂对甲食品有很好的防腐效果，而对乙食品的防腐效果可能很差，甚至无效。那么，该防腐剂就可作为甲食品的防腐剂使用，而不能作为乙食品的防腐剂。例如，苯甲酸等多种防腐剂在酸性条件下具有很好的防腐效果，而在弱酸或者中性介质中的防腐作用显著降低，甚至无效。说明每种防腐剂都有其使用范围，使用范围正确，用量合理，才能充分地显示其防腐效果。总之，对于防腐剂的作用范围和用量，一定要在严格遵守我国食品添加剂卫生标准的前提下，通过试验来选定。

### 3. 不破坏食品的固有品质

每种食品都有其固有的营养素含量和感官性状，使用防腐剂后，不能破坏营养素而使其含量明显下降，也不能使食品的色、香、味、形、质等感官性状发生明显异常变化而使消费者难以接受。对于某些防腐性能很好的食品添加剂，如果对食品固有品质产生这样或那样的影响，则应在使用时慎重选用。

食品防腐剂除了需要具备上述三项基本条件，还应满足以下要求：

（1）少量使用就能达到防腐要求；（2）不会与生产设备和包装容器等发生不良化学反应；(3) 热敏性不能太强，否则受热易分解失效；（4）使用过程中对工作人员健康不会造成明显伤害，如对皮肤的腐蚀、呼吸道黏膜和眼睛的刺激等；(5) 大量使用时不污染环境等。

### (二) 常用化学防腐剂及其作用机理

目前，世界上食品保藏使用的化学防腐剂有 30~40 种。按其来源和性质可分为有机防腐剂和无机防腐剂。有机防腐剂又可分为合成有机防腐剂和天然有机防腐剂。目前，以合成有机防腐剂在生产中使用最为广泛。

#### 1. 苯甲酸及苯甲酸钠

苯甲酸又称安息香酸，是各国允许使用而且历史比较悠久的食品防腐剂。苯甲酸为白色鳞片状或针状结晶，常温下难溶于水，易溶于乙醇。苯甲酸钠易溶于水，其水溶液呈碱性。

苯甲酸对部分细菌和酵母菌有较强的抑制作用，对霉菌的抑制作用较弱。其抑菌作用的机理是使微生物细胞的呼吸系统发生障碍，使三羧酸循环（TCA 循环）中乙酰辅酶 A→乙酰醋酸及乙酰草酸→柠檬酸之间的循环过程难以进行，并阻碍细胞膜的正常生理作用。

苯甲酸和苯甲酸钠在酸性条件下，对未解离的分子起抑菌作用，其防腐效果视介质的 pH 值而异，一般 pH<5 时抑菌效果较好，pH 值为 2.5~4.0 时抑菌效果最好。

使用苯甲酸时，先用少量乙醇溶解，再添加到食品中。使用苯甲酸钠时，一般先配制成 20%~30%的水溶液，再加入到食品中，搅拌均匀即可。

长期以来人们认为，苯甲酸在人体内与甘氨酸或葡萄糖醛酸结合生成马尿酸，从尿中排出而不在体内蓄积。但近年来有报道称苯甲酸及其钠盐可引起过敏性反应，对皮肤、眼睛和黏膜有一定的刺激性。苯甲酸钠还可引起肠道不适，再加之味道不良，可尝出味道的最低值为 0.1%，近年有逐步减少使用的趋势。

#### 2. 山梨酸及山梨酸钾

山梨酸又名花楸酸，为无色针状或白色粉末状结晶，无臭或稍有刺激臭，耐光耐热，易发生氧化反应而失去防腐作用。山梨酸难溶于水而易溶于乙醇、丙酮等有机溶剂。山梨酸钾极易溶于水，也易溶于高浓度蔗糖和食盐溶液，因而在生产上被广泛使用。

山梨酸和山梨酸钾能有效地抑制霉菌、酵母菌和好气性腐败菌活性，对厌气性细菌和乳酸菌几乎无效。山梨酸是一种不饱和脂肪酸，能在人体内参与正常的代谢活动，最后被氧化成 $CO_2$ 和 $H_2O$，故国际上公认其为无害的食品防腐剂。山梨酸的 ADI 为 0~25 mg/kg。

山梨酸和山梨酸钾属于酸型防腐剂，以未解离的分子起抑菌作用，其防腐效果随 pH 值降低而增强，但适宜的 pH 值范围比苯甲酸广，以 pH<6 的介质中使用为宜。

### 3. 对羟基苯甲酸酯类及钠盐

对羟基苯甲酸酯又名尼泊金酯，是苯甲酸的衍生物。目前，主要使用的是对羟基苯甲酸甲酯、乙酯、丙酯和丁酯，其中对羟基苯甲酸丁酯的防腐效果最佳。此类物质为无色小结晶或白色结晶性粉末，无臭，开始无味，随后稍有涩味，难溶于水而易溶于乙醇、丙酮等有机溶剂。

对羟基苯甲酸酯属广谱性抑菌剂，对霉菌、酵母菌的作用较强，对细菌特别是革兰氏阴性杆菌和乳酸菌的作用较弱。其抑菌机理与苯甲酸基本相同，主要抑制微生物细胞的呼吸系统和电子传递酶系统的活性，并能破坏微生物细胞膜的结构，从而起到防腐的效果。

对羟基苯甲酸酯也是由未解离分子发挥抑菌作用，其效力强于苯甲酸和山梨酸，而且使用范围更广，一般 pH 值为 4~8 效果较好。

对羟基苯甲酸酯在人体的代谢途径与苯甲酸基本相同，且毒性比苯甲酸低。毒性与烷基链的长短有关，烷基链短者毒性大，故对羟基苯甲酸甲酯很少作为食品防腐剂使用。

### 4. 脱氢乙酸及其钠盐

脱氢乙酸为无色到白色针状或片状结晶，无臭或有微臭，易溶于乙醇等有机溶剂而难溶于水，故多用其钠盐作防腐剂。脱氢乙酸钠为白色结晶性粉末，在水中的溶解度可达到 33%。

脱氢乙酸及脱氢乙酸钠抑制细菌、霉菌和酵母菌的活性，特别是对假单胞菌属、葡萄球菌、大肠杆菌的抑制作用明显。其抑菌机理是由三羰基甲烷结构与金属离子发生螯合作用，从而损害微生物的酶系而起到防腐效果。

脱氢乙酸钠为乳制品的主要防腐剂，常用于干酪奶油和人造奶油，使用量为0.61g/kg以下。使用时一般是将0.1%~0.2%的水溶液喷洒在制品表面或包装材料上，喷洒量为20~40 mL/kg。

### （三）天然防腐剂及其应用

天然有机防腐剂也称天然防腐剂，是由生物体分泌或者体内存在的具有抑菌作用的物质，经人工提取或者加工而成为食品防腐剂。此类防腐剂为天然物质，有的本身就是食品的组分，故对人体无毒无害，有些还能增进食品的风味品质，因而是一类有发展前景的食品防腐剂。

#### 1. 乳酸链球菌素

乳酸链球菌素（Nisin）又称乳链球菌素、乳链菌素，是某些乳酸链球菌产生的多肽物质，由34个氨基酸残基组成，是一种高效、安全、无毒副作用的天然食品防腐剂。本品为灰白色固体粉末，稳定性与溶液的pH值有关；具有优良的耐酸和耐热性能，用85℃巴氏灭菌15 min，其活性仅损失15%，当其溶于pH值为3的稀盐酸中，121℃高压灭菌15 min，仍能保持100%的活性。本品能有效地抑制引起食品腐败的革兰阳性细菌，如乳杆菌、明串珠菌、小球菌、葡萄球菌、李斯特菌等，特别是对产芽孢的细菌如芽孢杆菌有很强的抑制作用。使用时需溶于水或液体中，在不同的pH值下，溶解度也不同。研究发现，很多牛奶中含有可产生乳酸链球菌素的乳酸链球菌，说明这种物质早就存在于人们日常食用的牛奶中。

#### 2. 纳他霉素

纳他霉素是一种多烯烃大环内酯类抗真菌剂，其分子是一种具有活性的环状四烯化合物，含3个以上的结晶水；为白色或奶油色结晶粉末；无味；微溶于水、甲醇，溶于稀酸、冰醋酸及二甲苯甲酰胺，难溶于大部分有机溶剂。在pH值高于9或低于3时，其溶解度会有所提高，在大多数食品的pH值范围内非常稳定；有一定的抗热处理能力，在干燥状态下相对稳定，能耐受短暂高温（100℃）。但由于分子中含有环状化学结构，对紫外线较为敏感，故不宜见光。

稳定性受 pH 值、温度、光照强度和氧化剂及重金属的影响，所以产品应该避免与氧化物及硫氢化合物等接触。

### 3. 溶菌酶

溶菌酶是一种专门作用于微生物细胞壁的水解酶。溶菌酶是一种无毒副作用的蛋白质，又具有一定的溶菌作用，现在已经广泛应用于水产品、蛋糕、饮料等食品的防腐，防腐效果显著。溶菌酶抗菌谱较窄，只对革兰阳性菌起作用，可与甘氨酸、聚合磷酸盐等配合使用，以增强对革兰阴性菌的溶菌作用。

## 二、食品抗氧化剂

食品抗氧化剂（food antioxidants）是能够防止或延缓食品氧化变质，提高食品的稳定性和延长食品贮藏期的一类食品添加剂。主要应用于防止油脂及富脂食品的氧化酸败，引起食品褪色、褐变以及维生素被破坏等方面。

食品在贮藏、运输过程中和空气中的氧发生化学反应，出现褪色、变色、产生异味异臭等现象，使食品质量下降，甚至不能食用。这种现象在含油脂多的食品中尤其严重，通常称为油脂的“酸败”。肉类食品的变色，蔬菜、水果的褐变等均与氧化有关。防止和减缓食品氧化，可以采取避光、降温、干燥、排气、充氮、密封等物理性措施，但添加抗氧化剂则是一种既简单又经济的方法。各种抗氧化剂的作用原理不尽相同，大致分为下述 4 种情况。

一是抗氧化剂本身极易被氧化，从而降低介质中的含氧量，抑制食品成分的氧化。常用的有抗坏血酸及其衍生物，异抗坏血酸及其钠盐等。

二是将能催化和引起氧化反应的物质实行封闭。

三是抗氧化剂能减弱氧化酶的活性，抑制氧化酶的催化氧化作用。如亚硫酸盐类、二氧化硫及各种含硫化合物等。

四是抗氧化剂本身可释放出氢离子，破坏或终止油脂在氧化过程中所产生的过氧化物，使之不能继续被分解成醛或酮类等低分子物质，如各类酚类抗氧化剂。其中包括合成的，如丁基羟基茴香醚（BHA）、二丁基羟基甲苯（BHT）、叔丁基对苯二酚（TBHQ）、没食子酸及其衍生物；天然的生育酚、茶多酚、愈创树脂等。

## （一）防止食品氧化酸败的抗氧化剂

### 1. 油脂的氧化和抗氧化剂的基本作用

油脂的酸败是一个复杂的化学变化过程。含有不饱和脂肪酸甘油酯的油脂，由于其结构上不饱和键的存在，很容易和空气中的氧发生自动氧化反应，生成过氧化物，进而又不断裂解，产生具有臭味的醛或碳链较短的羧酸。

食用含有过量过氧化物的食品会进一步促使人们的脂肪氧化。过氧化的脂肪可破坏生物膜，引起细胞功能衰退乃至组织死亡，诱发各种生理异常而引起疾病。最近研究表明，癌症的发生或人体的老化也与过氧化脂肪有关。

目前，常用的防止食品酸败的抗氧化剂多为酚类化合物。这些酚类抗氧化剂是优良的氢或中子的给予体，当它向自由基提供氢之后，本身成为自由基，但它们可结合成稳定的二聚体之类的物质。另外，它们的自由基中间产物比较稳定。

### 2. 氧化作用的催化和抑制因素

油脂的氧化作用可受到许多因素的催化，如不能很好地控制这些因素，而单纯依靠抗氧化剂往往难以达到预期的目的，或至少是事倍功半。这些因素归纳如下：

（1）温度。与一般的化学反应一样，物料温度每提高 10℃，反应速率提高 1 倍。

（2）光线。紫外线是氧化作用的强激化剂和催化剂。

（3）碱性条件和碱土金属离子能催化自由基的氧化。

（4）油脂不饱和度。有两个双键的亚油酸比只有一个双键的油酸更易被氧化。

（5）色素。植物油中残存的色素能催化氧化反应。如叶绿素能使各种油脂受氧原子的作用而氧化。

（6）氧的有效量。氧是氧化的供体，其有效含量越高越易促进氧化。

（7）重金属。一般只要有 mg/kg 数量级的铁、铜等金属溶于油脂中，就会成为有效的氧化催化剂。只有具有氧化还原电位的两价和多价金属离子才对油脂的氧化有催化作用。

### 3. 抗氧化剂的增效作用

有一些物质本身没有抗氧化作用，但与抗氧化剂混合使用，却能增强抗氧化剂的效果，这些物质统称为抗氧化剂的增效剂。各种金属离子的螯合剂（如 EDTA）是一类间接的抗氧化剂或抗氧化增效剂。

对各种酚类抗氧化剂来说，柠檬酸、磷酸、抗坏血酸及它们的酯类（如柠檬酸单甘油酯、抗坏血酸棕榈酸酯等）具有良好的抗氧化增效作用。所加的酸一方面可为介质（油脂、含脂食品）创造一个酸性环境，以保证原始抗氧化剂和油脂的稳定性；另一方面如抗坏血酸本身易被氧化，从而使其具有消除氧的能力。例如，用 AOM 法（97.8℃，输送空气）试验橄榄油的稳定性，到达酸败临界点（植物油的过氧化值为 70 mmol/kg）的时间，对照组为 6.5h，加 0.02%TB-HQ 组为 12.5 h，除 TBHQ 外另加 0.01%柠檬酸组为 57 h。在 21℃贮存橄榄油的结果是对照组 42d，0.02%TBHQ 组为 88d，而另加 0.01%柠檬酸组超过 103 d。猪油在室温下达到动物油酸败临界点（过氧化值 20 mmol/kg）的时间，对照组为 45d，加入 0.01%生育酚后可延至 210 d，再加入 0.005%柠檬酸则可延至 294 d。

一般情况下，柠檬酸及其酯类往往与合成的抗氧化剂合用，而抗坏血酸及其酯类则与生育酚合用。当两种抗氧化剂合用时，也会明显地提高抗氧化效果，这是因为不同的抗氧化剂在不同油脂氧化阶段分别中止某个油脂氧化的连锁反应。

### 4. 常用的抗氧化剂

(1) 丁基羟基茴香醚（BHA）

本品为白色或微黄色蜡样结晶性粉末，带有酚类的特异臭气和有刺激性的气味。它通常是 3-BHA 和 2-BHA 两种异构体的混合物。熔点 48～63℃，随混合比不同而异。不溶于水，易溶于乙醇（25g/100mL，25℃）、甘油（1g/100mL，25℃）、猪油（50g/100mL，50℃）、玉米油（30g/100mL，25℃）、花生油（40g/100mL，25℃）和丙二醇（50g/100mL，25℃）。3-BHA 的抗氧化效果比 2-BHA 强 1.5 倍，两者合用有增效作用。用量为 0.02%时比 0.01%的抗氧化效果增强 10%，但用量超过 0.02%时效果反而下降。与其他抗氧化剂相比，它不会与金属离子作用而着色。BHA 除抗氧化作用外，还有相当强的抗菌力。

相对来说，BHA 对动物性脂肪的抗氧化作用较之对不饱和植物油更有效。

它对热较稳定，在弱碱条件下也不容易被破坏，因此有一种良好的持久能力，尤其是对使用动物脂的焙烤制品。可与碱金属离子作用而呈粉红色。具有一定的挥发性，能被水蒸气蒸馏，故在高温制品中，尤其是在煮制品和炸制品中易损失。但可将其置于食品的包装材料中。BHA 是目前国际上广泛应用的抗氧化剂之一，也是我国常用的抗氧化剂之一。

（2）二丁基羟基甲苯（BHT）

二丁基羟基甲苯为无色结晶或白色晶体粉末，无臭味或有很淡的特殊气味，无味。熔点 69.5~71.5℃（69.7℃，纯品），沸点 265℃。它的化学稳定性好，对热相当稳定，抗氧化效果好，与金属离子反应不着色。它不溶于水和丙二醇，易溶于大豆油（30g/100mL，25℃），棉籽油（20g/100mL，25℃），猪油（40g/100mL，50℃），乙醇 25%，丙酮 40%，甲醇 25%，苯 40%，矿物油 30%。

二丁基羟基甲苯稳定性高，抗氧化能力强，遇热抗氧化能力也不受影响，不与铁离子发生反应。BHT 可以用于油脂、焙烤食品、油炸食品、谷物食品、奶制品、肉制品和坚果、蜜饯中，最大用量为 0.2g/kg。BHT 也可用于包装材料上，用量为 0.2~1kg/t（包装材料）。对于不易直接混合的食品，可溶于乙醇后喷雾使用。BHT 价格低廉，为 BHA 的 1/5~1/8，可作为主要抗氧化剂，目前它是我国生产量最大的抗氧化剂之一。

（3）没食子酸丙酯（PG）

没食子酸丙酯为白色至浅褐色结晶粉末，或微乳白色针状结晶。无臭，微有苦味，水溶液无味。由水或含水乙醇可得到 1 分子结晶水的盐，在 105℃失去结晶水变为无水物，熔点 146~150℃。没食子酸丙酯难溶于水（0.35g/100mL，25℃），微溶于棉籽油（1.0g/100mL，25℃），花生油（0.5g/100mL，25℃），金猪脂（10g/100mL，25℃）。其 0.25%水溶液的 pH 值为 5.5 左右。没食子酸丙酯比较稳定，遇铜、铁等金属离子发生呈色反应，变为紫色或暗绿色，有吸湿性，遇光不稳定，发生分解，耐热性差。没食子酸丙酯使用量达 0.01%时即能自动氧化着色，故一般不单独使用，而与 BHA 复配使用或与柠檬酸、异抗坏血酸等增效剂复配使用。

与其他抗氧化剂复配使用量约为 0.005%时，即有良好的抗氧化效果。

（4）叔丁基对苯二酚（TBHQ）

TBHQ是白色或浅黄色的结晶粉末，微溶于水，不与铁或铜形成络合物。在许多油和溶剂中都有足够的溶解性。熔点126~128℃。TBHQ溶于乙醇（60g/100mL，25℃）、丙二醇（30g/100mL，25℃）、棉籽油（10g/100mL，25℃）、玉米油（10g/100mL，25℃）、大豆油（10g/100mL，25℃）、猪油（5g/100mL，50℃），而在椰子油、花生油中易溶，水中溶解度随温度升高而增大。TBHQ的抗氧化活性与BHT、BHA或PG相等或稍优。TBHQ的溶解性能与BHA相当，超过BHT和PG。TBHQ对其他的抗氧化剂和螯合剂有增效作用，如对PG、BHA、BHT、维生素E、抗坏血酸棕榈酸酯、柠檬酸和EDTA等。TBHQ最有意义的性质是在其他的酚类抗氧化剂都不起作用的油脂中有效，柠檬酸的加入可增强其活性。

TBHQ为一类酚类抗氧化剂。在许多情况下，TBHQ对大多数油脂，尤其是植物油来说，较其他抗氧化剂更有效，抗氧化性更稳定。此外，它不会因遇到铜、铁而发生颜色和风味方面的变化，只有在有碱存在时才会转变为粉红色。对蒸煮和油炸食品有良好的持久抗氧化能力，因此适用于土豆制品的生产，但它在焙烤制品中的持久力不强，除非与BHA合用。在植物油、膨松油和动物油中，TBHQ一般与柠檬酸结合使用。

（5）生育酚混合物

生育酚也称维生素E混合物。生育酚混合浓缩物为黄色至褐黄色透明黏稠液体，可有少量晶体蜡状物，几乎无臭。它不溶于水，溶于乙醇、丙醇、氯仿、乙醚、植物油，对热稳定。生育酚的混合浓缩物在空气及在光照下会缓慢变黑。在较高温度下，生育酚有较好的抗氧化性能，生育酚的耐光照、耐紫外线、耐放射线的性能也较BHA和BHT强。生育酚还有防止维生素A在λ-射线照射下发生分解的作用以及防止β-胡萝卜素在紫外光照射下发生分解的作用，还能防止甜饼干和速食面条在日光照射下的氧化作用。近年来有研究表明，生育酚还有阻止咸肉中产生致癌物亚硝胺的作用。

本品是目前国际上唯一大量生产的天然抗氧化剂，这类天然产物都是α-生育酚。但由于其价格较贵，在一般场合使用较少，主要用于保健食品、婴儿食品和其他高价值的食品。WHO批准维生素E用于食品，与其他抗氧化剂不同，不用担心它们本身会产生异味。维生素E对其他抗氧化剂如BHA、TBHQ、抗坏血酸棕榈酸酯、卵磷脂等有增效作用。维生素 E 为油溶性抗氧化剂，使用限于脂肪、油和含油食品。

（6）茶多酚

茶多酚为 30 余种酚化合物的总称，主体为儿茶素类，其中儿茶素占 60%～80%。从茶中提取的茶多酚抗氧化剂为白褐色粉末，易溶于水、甲醇、乙醇、醋酸乙酯、冰醋酸等。难溶于苯、氯仿和石油醚。对酸、热较稳定。160℃油脂中 30min 降解 20%，pH 值 2～8 稳定，pH>8 时在光照下氧化聚合，遇铁变成绿黑色络合物。茶多酚的抗氧化性能优于生育酚混合浓缩物，为 BHA 的数倍。茶多酚中抗氧化的作用成分主要是儿茶素。下面 4 种儿茶素抗氧化能力最强，它们是表儿茶素（EC）、表没食子儿茶素（EGC）、表儿茶没食子酸酯（ECG）和表没食子儿茶素没食子酸酯（EGCg）。它们的等摩尔浓度抗氧化能力的顺序为：EGCg>EGC>ECG>EC。

茶多酚与苹果酸、柠檬酸和酒石酸有良好的协同效应，与柠檬酸的协同效应最好。此外，与生育酚、抗坏血酸也有很好的协同效应。

## （二）防止食品褐变的抗氧化剂

### 1. 食品的褐变

不少果蔬组织在切割、去皮、切片和磨碎后极易出现褐变的现象。与氧气直接接触后，外层潮湿面上的抗坏血酸就会立刻被氧化掉。当这种反应结束后，就会出现多酚氧化酶催化氧化和呈色物质反应并形成棕褐色的褐变。

### 2. 常用的抗氧化剂

防止食品褐变用的抗氧化剂大多是水溶性抗氧化剂，主要有抗坏血酸及其盐类，异抗坏血酸及其盐类，二氧化硫及其盐类等。

（1）L-抗坏血酸即维生素 C

抗坏血酸为白色至浅黄色晶体或结晶性粉末，无臭，有酸味。熔点为 190℃。受光照则逐渐变褐，干燥状态下在空气中相当稳定，但在空气存在时于溶液中迅速变质，在中性或碱性溶液中尤甚。pH 值为 3.4～4.5 时稳定。易溶于水和乙醇，本品 1g 可溶于约 5mL 水和 30mL 乙醇。不溶于氯仿、乙醚和苯。呈强还原性。由于分子中有乙二醇结构，性质极活泼，易受空气、水分、光线、温度的作用而氧化、分解，特别是在碱性介质中或有微量金属离子存在时，分解更快。

维生素C作为抗氧化剂，可用于果汁、水果罐头、饮料、果酱、硬糖和粉末果汁、乳制品、肉制品，还可用作营养强化剂。

（2）异抗坏血酸

异抗坏血酸为白色至浅黄色结晶体或结晶粉末，无臭，味酸。光线照射下逐渐发黑。干燥状态下，在空气中相当稳定，但在溶液中并有空气存在的情况下，迅速变质。于164~172℃熔化并分解。本品系抗坏血酸的异构体，化学性质类似于抗坏血酸，但几乎没有抗坏血酸的生理活性。抗氧化性较抗坏血酸强，价格较廉，但耐光性差。有强还原性，遇光则缓慢着色并分解，同时，重金属离子会促进其分解。极易溶于水（40g/100mL）、乙醇（5g/100mL）。难溶于甘油，不溶于乙醚和苯。

异抗坏血酸可用于一般的抗氧化、防腐，也可作为食品的发色助剂。根据生产食品的种类，选用异抗坏血酸或其钠盐，既能防止肉类制品、鱼类制品、鲸油制品、鱼贝腌制品、鱼贝冷冻品等变质，也可与亚硝酸盐、硝酸盐合用提高肉类制品的发色效果。可防止保存期间色泽、风味的变化以及由鱼的不饱和脂肪酸产生的异臭。防止果汁等饮料因溶存氧引起氧化变质。防止果蔬罐头褐变。

# 第二节　辐照技术在食品保藏中的应用

## 一、概述

食品辐照是指利用γ射线、X射线以及电子束等电离辐射射线产生的辐射能量照射食品或食品原料，以抑制根类食物的发芽、延迟新鲜食物生理过程，从而达到延长食品保质期的一种方法和技术，是核技术应用的重要领域。食品辐照加工技术能耗低、无污染、无残留、安全性高，是一种食品冷加工处理技术，能更好地保持食品营养品质及风味，但是辐照技术不能提高食品的清洁度，辐照处理的食品需要首先进行清洁的预处理。辐照技术在国内外已得到广泛应用。

与传统杀菌技术相比，食品辐照处理主要具有以下优点：

（1）可根据需要灵活调节辐照剂量，对微生物的杀灭效果明显。

（2）辐照处理引起的食品升温较小，能很好地保持食品原有的特性，食品在冷冻状态下也能辐照处理。

（3）食品辐照处理使用的射线穿透性强、处理均匀、辐照过程安全可控，对食品的包装无严格要求，是一种节能的处理方法。

（4）辐照后的食品中无非食品物质残留，适当的辐照剂量不会引起食品感官的明显改变，即使是高剂量作用引起的化学变化也很小。

（5）辐照处理可以提升食品品质，改进食品生产工艺。

辐照技术在减少食品及农产品加工及贮存的损失，延长食品保质期等方面具有独特的优势，因而越来越受到世界各国的重视。2011 年的统计结果表明，全球已有 70 多个国家和地区批准使用辐照技术对 8 大类食品进行处理。辐照技术在食品工业中的应用日益广泛，由于消费者对这种技术的接受度不同，国内外相关食品法规均要求在经过辐照的食品或食品中含有被辐照成分的食品标签上明确标注“辐照食品”字样。

## 二、辐照技术在食品中的应用

从食品整体来说，在正常的辐照条件下食品成分发生的变化较小，却对其中的生命体代谢活动影响巨大，可能会导致其中生物酶的失活、生理生化反应的延缓或停止、新陈代谢中断、生长发育停滞、生命受到威胁，甚至死亡，且处于不同类食品中的情况差异很大。食品在受到辐照时，表层最先接受射线的作用，而微生物或昆虫多集中在食品表层，故对这些微生物的处理效果尤为显著。同时，辐照处理还会对食品成分造成一定影响，从而改变食品的品质。因此，研究辐照处理对不同类别食品的杀菌、保藏、加工及后期品质影响就显得非常重要。

### （一）辐照技术在不同种类食品中的保藏应用

#### 1. 辐照在果蔬类食品中的应用

在现代食品加工业中，对果蔬的辐照处理主要起到防止微生物的繁殖、控制害虫感染蔓延、延缓果蔬的后熟及一定程度上改善其品质。

通过辐照处理延迟水果的后熟期对香蕉等热带水果十分有效，对绿色香蕉辐照剂量常低于 0.5kGy，但对有机械损伤的香蕉一般无效。用 2kGy 剂量即可延迟木瓜的成熟。对芒果用 0.4kGy 剂量辐照可延长保藏期 8d，用 1.5kGy 可完全杀死果实中的害虫。此外，水果的辐照处理除可延长保藏期外，还可促进水果中色素的合成，使涩柿提前脱涩，提高工业生产中葡萄汁的出汁率。

通常引起水果腐败的微生物主要是霉菌，而杀灭霉菌的辐照剂量依水果种类及贮藏期而定。生命活动期较短的水果，如草莓，较小的辐照剂量即可停止其生理作用；而对柑橘类要完全控制霉菌的危害，剂量一般要达到 0.3～0.5kGy 以上。但若剂量过高（2. 8kGy），则会使果皮产生锈斑。为了获得更好的保藏效果，水果的辐照常与其他方法结合，如将柑橘加热至 53℃保持 5min，与辐照同时处理，辐照剂量可降至 1kGy，还可控制住霉菌并防止果皮上锈斑的形成；对表皮黄色、成熟度为 25%的木瓜，用 50～60℃水洗 20s，晾 20min，水分晾干后包装，再用 0.75kGy 的 γ 射线照射，可显著延长木瓜的保藏期。在实际应用中，还可采用辐照与冷藏相结合的方法，可有效控制苹果和草莓的采后腐败。化学防腐和辐照相结合也可有效延长水果的贮藏期，复合处理的协同效应可以同时降低化学处理的药剂量和辐照剂量，把药物残留量和辐照损伤率降到最低程度，既可延长保藏期，又可保证食品的品质和安全卫生。

蔬菜的辐照处理主要是抑制发芽，杀死寄生虫。低剂量（0.05～0.15kGy）对控制根茎作物如马铃薯、洋葱、大蒜的发芽是有效的。为了获得更好的贮藏效果，蔬菜的辐照处理常结合一定的低温贮藏或其他有效的贮藏方式。如收获的洋葱在 3℃暂存，并在 3℃的低温下辐照，照射后可在室温下贮藏较长时间，又可以避免内芽枯死，变褐发黑。

### 2. 辐照在粮食类食品中的应用

粮食霉烂变质的一个重要因素是虫害和霉菌活动，而辐照处理可对它们进行有效抑制甚至杀灭。通常，辐照杀虫的效果与剂量及作用对象有关，0.1～0.2kGy 辐照可以使昆虫不育，1kGy 可使昆虫几天内死亡，3～5kGy 可使昆虫立即死亡；抑制谷类霉菌的蔓延发展的辐照剂量为 2～4kGy，小麦和面粉杀虫的剂量为 0.20～0.75kGy，焙烤食品为 1kGy。王传耀等研究表明，0.6～0.8kGy 剂量辐照玉米象成虫，辐照后15~30d内玉米象成虫全部死亡。经0.2~2kGy剂量辐照玉米、小麦和大米，其营养成分均未发生明显变化。

3. 辐照在肉类食品中的应用

辐照对肉制品的处理主要体现在对微生物和寄生虫的杀灭和酶活力的抑制。

革兰阴性菌对辐照较敏感，1kGy辐照可获得较好效果。大肠杆菌0157：H7在1.5kGy剂量下可获得99.9999%的灭菌率，沙门菌是最耐辐照的非芽孢致病菌，在1.5~3kGy剂量也能获得99.9%~99.999%的灭菌率，但相同的辐照剂量对革兰阳性菌作用则较小。Lambert等报道，充氮包装的块状猪肉在1kGy剂量辐照后，5℃条件下可存放26d。

目前用辐照处理冷藏或冷冻的家禽以杀灭沙门菌和弯曲杆菌，处理猪肉使旋毛虫幼虫失活所带来的卫生效益最为明显，通常认为2~7kGy的辐照剂量足以杀死上述病原微生物和寄生虫，且对大部分食品不会造成感官上的不良影响。美国农业部食品安全检验局规定，冷却、冷冻肉的最大吸收剂量分别为4.5kGy和7kGy，对禽肉最大剂量为3kGy。

由于在通常的辐照剂量下并不能使肉中的酶失活（酶失活的剂量高达100kGy)，所以用辐照方法保藏鲜肉可结合热处理的方法。如用加热方式使鲜肉内部的温度升高到70℃，保持30min，使其蛋白分解酶完全钝化后再进行辐照。高剂量辐照处理肉类（已包装）可达到灭菌保藏的目的，所用的剂量要能杀死抗辐射性强的肉毒芽孢杆菌的芽孢；对低盐、无酸的肉类（如鸡肉)，需用剂量在45kGy以上。但是，肉类的高剂量辐照灭菌处理会使产品产生异味，此异味随着肉类的品种不同而异，牛肉产生的异味最强。目前防止异味最好的方法是在冷冻温度-80~-30℃下辐照，因为异味的形成大多数是间接的化学效应。在冰冻时，水中的自由基的流动性减少，可以防止辐照产生的自由基与肉类成分的相互反应发生。辐照还会引起肉颜色的变化，在有氧存在下更为显著。

4. 辐照在水产品类食品中的应用

水产品辐照保藏多数采用中低剂量处理，高剂量处理工艺与肉禽类相似，但产生的异味低于肉类。为了延长贮藏期，低剂量辐照鱼类常结合低温（3℃以下）贮藏。不同鱼类有不同的辐照剂量要求，如淡水鲈鱼在1~2kGy剂量下，可延长贮藏期 5~25d；大洋鲈 2.5kGy 可延长贮存期 18~20d；牡蛎在 20kGy 剂量下，可延长保藏期达几个月。加拿大批准商业辐照鳕鱼和黑线鳕鱼片以延长保质期的剂量为 1.5kGy。

5. 辐照在香辛料和调味品中的应用

天然香辛料容易生虫长霉，在未经处理的香辛料中，霉菌污染的数量平均为 $10^4$CFU/g 上。传统的加热或熏蒸消毒法不但有药物残留，且易导致香味挥发，甚至产生有害物质，如环氧乙烷、环氧丙烷对香辛料进行熏蒸，能生成有毒的氧乙醇盐或多氧乙醇盐化合物。而辐照处理则可避免引起上述不良效果，既能控制昆虫的侵害，又能减少微生物的数量，保证原料的质量。全世界至少已有 15 个国家批准使用辐照处理 80 多种香辛料和调味品。

香辛料所接受的辐照剂量与原料种类密切相关。张淑俭等曾用 10~15kGy 的剂量（Coγ 射线）辐照尼龙/聚乙烯包装的胡椒粉、五香粉，产品保藏 6~10 个月，未见生虫、霉烂，且调味品的色、香、味及营养成分没有显著变化。尽管香料和调味品商业辐照灭菌剂量可以允许高达 10kGy，但实际上为避免导致香味及颜色的变化，降低成本，香料消毒的辐照剂量应视品种及消毒要求来确定，尽量降低辐照剂量。如胡椒粉、快餐佐料、酱油等直接入口的调味料以杀灭致病菌为主时，剂量可高些。有些国家认为会引起辐照调味品味道变化的阈值分别为：香菜 7.5kGy、黑胡椒及其代用品 12.5kGy、白胡椒 12.5kGy、桂皮 8kGy、丁香 7kGy、辣椒粉 8kGy、辣椒 4.5~5kGy。

6. 辐照在蛋类食品中的应用

蛋类辐照主要以杀灭沙门菌为对象。一般蛋液及冰蛋液辐照灭菌效果较好。带壳鲜蛋可用 β 射线辐照，剂量为 10kGy，但高辐照剂量会使蛋液中的蛋白质发生辐解，从而使蛋液黏度降低或产生 $H_2S$ 等异味。

## （二）辐照技术与其他保藏技术的协同应用

高剂量辐照会不同程度地引起食品质构改变、维生素破坏、蛋白质降解、脂肪氧化和产生异味等不良影响，因此在辐照技术研究中，比较注意筛选食品的辐照损伤保护剂和提高、强化辐照效果的物理方法。如低温下辐照，添加自由基清除剂，使用增敏剂，与其他保藏方法并用和选择适宜的辐照装置。

研究发现，采用 1～3kGy 的“Co”Cs 的 γ 射线辐照桃，能促进乙烯生成和桃成熟。若先用 $CO_2$ 处理，再用 2.5kGy 剂量辐照，在（4±1）℃下贮藏一个月，依然可保持桃的新鲜度。橘类辐照保藏时，先用 53℃温水浸 5min，再在橘子表面涂蜡，最后用 1～3kGy 剂量的 0.1～1MeV 电子射线照射，可减少橘类果皮的辐照损伤，并使果肉不变味，延长保藏期。腌制火腿若辅以辐照处理，可将火腿中硝酸盐的添加量从 156mg/kg 降到 25mg/kg，以减少产生致癌物质亚硝胺的危险，且不影响火腿的色、香、味，又有助于消除火腿上的梭状芽孢杆菌，明显提高火腿的质量。

此外，在食品辐照过程中，辐照装置的设计效果、辐照剂量分布的均匀性等都会影响辐照食品的质量。

辐照作为一种食品加工保藏方法在当今被广泛应用，也获得了巨大的商业价值，但对部分食品也会产生一些不良影响，无法适用所有食品。牛乳和奶油类乳制品经辐照处理时会产生不愉快味道；许多食品，如鸡肉、鱼等都有一个剂量阈值，高于此剂量就会发生感官性质的不良变化。辐照处理与其他优良技术的结合使用是未来食品加工保藏技术发展的一个趋势。

某些食品的辐照剂量不一定能消除全部微生物及其毒性。低剂量辐照难以杀灭细菌芽孢，为了防止肉毒芽孢杆菌的生长繁殖和产生毒素，采用辐照处理肉和鱼都要求在贮藏期内保持适当的温度（常在低温下贮藏）。黄曲霉毒素或葡萄球菌毒素都不能因辐照而失活，因此易于受这些生物污染的食品需在毒素产生之前进行辐照处理，并且在防止毒素形成的条件下保藏。此外，用于延长大多数食品保存期的低剂量辐照也并不能消灭病毒。

### （三）辐照技术在改善食品品质上的应用

辐照除了大量被应用到食品的保鲜保藏上，食品中某些成分的辐照化学效应有时可以产生对我们有益的效果。如黄豆发芽 24h，用 2.5kGy 剂量辐照，可减少黄豆中棉籽糖和水苏糖（肠内胀气因子）等低聚糖的含量；小麦经杀虫剂量辐照，其面粉制成面包体积增大，柔软性好，组织均匀，口感提高；葡萄汁制备中，葡萄经 4～5kGy 的剂量辐照，出汁率可提高 10%～12%；干燥过的黄豆经辐照后，煮熟时间仅为未处理过的66%；脱水蔬菜用10~30kGy处理，可使复水时间大大缩短，仅为原来的1/5。

此外，我国在白酒的辐照催陈（陈化）方面已取得显著成绩。用辐照处理薯干酒，可使酒中酯、酸、醛类物质有所增加，酮类化合物减少，甲醇、杂醇含量降低，酒的口味醇和，苦涩辛辣味减少，酒的品质相应提高。

### （四）辐照食品的分析检测方法

#### 1. 利用辐射在食品成分上产生的化学效应检测辐照食品

电离辐射与食品物质的相互作用可在食品组分上诱发复杂的化学变化，这些变化是由自由基过程产生的。但是，自由基也可由其他一些过程产生，如由热处理、光解、金属离子催化、酶催化作用以及超声波作用等过程产生。因此，不是所有化学变化的结果都能用来指示食品是否已被辐照，只有其中的一些辐照专一性辐解产物、一些在食品辐照前后含量有明显变化的产物，以及辐照在食品组成上诱导的某些特性才能用于辐照食品的检测。

第一，含脂食品的辐照检测对脂类的辐解及其辐解产物已进行了广泛的研究，这些研究涉及脂肪酸、酯和甘油三酯模式体系以及天然脂肪或含脂肪的食品。对辐解产物的研究主要集中在挥发性产物上，因为它们可能与辐照食品产生的臭味有关。研究揭示，复杂食品中脂类成分辐解产生的化学产物和从天然脂肪或脂肪模式体系辐解所生成的产物在性质上是相似的，但是产物的生成与脂类的组成和辐照条件密切有关。

利用挥发性化学物可检测含脂辐照食品。在无氧条件下辐照天然脂肪、含脂肪食品及油脂模式体系时，碳氢化合物、醛、甲基酯、乙基酯、游离脂肪酸是主要的挥发性产物，形成的碳氢化合物系列与脂类化合物中脂肪酸成分有关。在有氧条件下辐照，可发生有机自由基反应，生成过氧自由基，继而从其他分子中夺取一个氢原子，形成氢过氧化物和另一个自由基。

①利用挥发性碳氢化合物检测含脂辐照食品：虽然在未辐照的脂肪中也存在挥发性产物（如自动氧化和加热等过程生成），但是它们的碳链长度比辐照生成的要短很多，即是说，两者产物的定量分布十分不同。因此，$C_1$、$C_2$的烷烃和烯烃以及C、醛可认为是辐照专一产物。

食品经辐照生成的碳氢化合物在贮藏条件-20℃下是稳定的，在商用剂量范围内其生成量与吸收剂量成线性关系，因此，可以利用产物浓度剂量标准曲线计算被测食品的辐照吸收剂量。

②利用辐照形成的2-烃基-环丁酮检测含脂辐照食品：当含脂食品辐照时，其中的脂肪酸可转变成相应的同碳原子数2-烃基-环丁酮，烃基比母体脂肪酸少4个碳原子。至今，2-烃基-环丁衍生物只在辐照的食品中被发现，而从未在任何未辐照的食品中检测到过这些化合物，因此，2-烃基-环丁酮可作为含脂食品辐照的标志化合物。这些2-烃基-环丁酮及其衍生物可用于检测或确证食品是否经过辐照处理。

此法的检测灵敏度与食品中母体脂肪酸的含量有关，对于脂肪含量较高的食品，如鸡肉、牛肉、猪肉，使用2-十二烷基-环丁酮（2-DCB）作为探针化合物，可检测0.5kGy剂量处理食品。初步研究表明，商用剂量辐照含脂低的食品如对虾肉（5kGy）和热带水果（0.2kGy），其中的2-烃基-环丁酮也是可检出来的。一般说来，2-烃基-环丁酮方法可用于检测含脂大于1%的食品。

另外，也可以利用辐照形成的有机过氧化物来检测含脂辐照食品，但目前该方法尚存一些争议。

第二，含蛋白质食品的辐照检测目前有关蛋白质的辐解及其辐解产物已进行了大量研究，这些研究涉及游离氨基酸、多肽、蛋白质及含蛋白质的食品。过去由于技术限制，蛋白质辐解产物的研究主要集中在挥发性产物上。随着技术发展，研究已扩大到非挥发性产物，这更加深了人们对蛋白质食品辐照过程的认识。对于肉类和家禽，它们主要含脂类和蛋白质，因此挥发性产物主要来源于这两类物质。分析辐照肉产生的挥发性产物的结果表明，由肉中蛋白质部分形成的产物种类和辐照游离氨基酸、肽及纯蛋白质时所产生的相似。一些实验条件的变化，如温度、空气、剂量率等也会影响辐解产物的生成。

脂肪族氨基酸被辐照时，脱氨基是主要过程。在干固态，该过程由直接作用产生；在液态水存在时，脱氨基由水吸收辐射能产生的e、氢原子和羟基自由基导致。此外，中间自由基反应还能生成二聚产物、酮（醛）、酸、脂肪酸等产物，直接作用也可导致胺和$CO_2$生成。有氧存在时，氧能清除氢原子和e，还原脱氨基受到抑制，因羟基自由基不受氧的影响，因此氧化脱氨基仍然发生，但随脂肪族氨基酸碳链增加，氧化脱氨基作用将随之减少。

一些具有芳环和杂环结构的氨基酸，在辐解时显示出芳环、杂环化合物和氨基酸辐解的典型特性。例如，苯丙氨酸辐解时，电子可加成到羧基上消去氨基，又可被芳环俘获，质子化形成环己二烯自由基。羟基主要加成到苯丙氨酸的芳环上形成酪氨酸的3种异构体，即邻酪氨酸、间酪氨酸和对酪氨酸。羟基从侧链上抽取氢原子是非常次要的过程。对于酪氨酸，由于苯环上羟基取代基的定位效应，使羟基自由基的加成反应主要发生在它的邻位。对组氨酸，羟基加成主要在$C_5$和$C_2$上。在无氧条件下，芳香族氨基酸中羟基加成生成的环己二烯自由基主要生成二聚产物，酪氨酸异构体和3，4-二羟基苯丙氨酸（来自氨基酸）产物的产量很低。当氧存在时，环己二烯自由基与氧反应生成过氧自由基，随后消去超氧化氢自由基，分别形成酪氨酸异构体和3，4-二羟基苯丙氨酸，两者的产量比无氧时高。

含硫氨基酸在受到辐解时，作用部位主要在—HS和—S—S—键上，并在这些位置发生键断裂。例如，半胱氨酸辐解时，C—S和S—H键断裂生成$H_2$、$H_2S$和胱氨酸等产物。有氧存在时，氧与碳中心和硫中心自由基结合，主要的辐解产物是胱氨酸，其他辐解产物有亚磺酸基丙氨酸、羊毛硫氨酸以及$H_2O_2$和$H_2S$等。对于胱氨酸，二硫键断裂生成亚硫酸和三硫化物等产物。氧存在时，生成磺酸基丙氨酸。

肽受到辐照时，电子加成导致脱氨基或肽分子肽键断裂。羟基自由基的抽氢反应主要发生在氨基的α碳上，生成的自由基在无氧时主要发生二聚，当有氧存在时，形成类似酰胺的化合物。含苯丙氨酸的肽，二聚交联大都涉及苯环，这是因为羟基加成到苯丙氨酸的芳环上形成羟基环己二烯自由基。在无氧条件下，自由基主要发生二次交联，也有少量形成邻酪氨酸、间酪氨酸和对酪氨酸残基。

在蛋白质分子中，氨基酸的活性位置由原来的氨基转移至蛋白质分子中氨基酸残基的侧链。因此，在蛋白质辐解时，酰胺键邻近的碳原子上的氢原子、芳环、二硫键、游离巯基等成为反应的敏感部位。例如，羟基可以从邻近酰胺键的碳原子上夺取氢原子，也可与芳环加成。在无氧存在时，这些自由基主要通过分子间反应生成交联产物，有氧存在时，自由基转变为过氧自由基，一些过氧自由基消去超氧化氢自由基而消失。例如，苯丙氨酸与羟基自由基加成生成的过氧自由基脱去水分子在蛋白质分子中生成邻酪氨酸、间酪氨酸和对酪氨酸残基。

由此，通过对各种氨基酸、肽及蛋白质分子辐照后降解或转化生成的辐解产物的定量及定性分析，可分析、检测、判断及评价食品是否辐照及辐照程度。

第三，利用核酸的辐射化学变化检测辐照食品 DNA 是一种对辐射敏感的细胞的靶物质，它的变化可引起微生物钝化、杀虫、抑制发芽和延缓某些水果的成熟等。在微生物或昆虫中的 DNA 变化及食品中核酸物质的变化也是可检出的。辐照在 DNA 分子上产生的化学变化主要包括碱基的化学修饰、DNA 螺旋变性作用、单链和双链的断裂等。根据上述变化，已发展了多种利用核酸检测辐照食品的方法，最常见的方法有检测碱基损伤、DNA 断裂等。

第四，利用辐照产生的气体检测辐照食品利用辐照在食品中形成的气体物质作为检测食品辐照的探针化合物也已被研究，在产生的气体物质中研究最多的是 $H_2$ 和 CO。辐照时，这些气体化合物被封闭在冷冻食品（如肉类）或干燥谷粒（如胡椒）的内部，当食品受热时迅速释放出这些气体，并可用气相色谱（GC）或其他气体分析仪器测定。此法的缺点是在食品储藏时气体物质可从冷冻肉类中扩散出来。$H_2$ 可在几周内扩散出样品，但 CO 在储藏几个月后含量仍明显地高于本底值。研究表明，食品中的气体扩散速率依赖于储藏温度。因此，利用该方法检测辐照食品还在进一步研究中。

第五，利用辐照产生的长寿命自由基检测辐照食品电离辐射是产生自由基的重要手段，在电离辐射作用下形成的原初产物——激发分子、正离子和电子都能进一步反应产生自由基。在一个体系中，大多数自由基的寿命很短，它们通过自由基相互反应很快消失，这些自由基对应用电子自旋共振法检测辐照食品意义不大。只有一些特殊的体系（如干燥固体样品）或含有硬组织（如骨头、钙化的表皮、硬果壳籽、核等）的体系，辐照在这些食品上产生的自由基扩散困难，自由基间相互反应受到限制，仅仅具有扩散能力的一些小的活性自由基才能与它们反应，所以在上述食品体系中产生的自由基通常有较长的寿命，它们对辐照食品的检测才具有实际意义。

自由基含有未成对电子，具有电子自旋角动量，因此可用电子自旋共振法（ESR）测定辐照食品中的这些长寿命自由基。ESR 法可用于水果、蔬菜、坚果、香辛料、家禽肉类、鱼及其他水产品等食品的辐照检测。该法的优点是准确、灵敏，可检测 0.2kGy 的剂量辐照食品，并可用以估测受辐照食品的吸收剂量；缺点是在进行 ESR 测量前必须将样品研磨成一定大小的颗粒，此过程本身也会产生自由基。此外，ESR 设备昂贵，且需要专业技术人员操作。

2. 利用热释光法分析检测辐照食品

热释光（thermoluminescence，TL），又称热改发光，是一种物理现象，是受热结晶固体将贮存在晶格中的能量以光子的形式释放出来的一种特征表现。当固体样品受电离辐射照射时，部分自由电子或空穴被晶格缺陷所俘获，这些晶格缺陷称为电子陷阱或空穴陷阱。陷阱吸引、束缚异性电荷的能力称为陷阱深度。当陷阱很深时，在常温下，电子或空穴可被俘获几百年、几千年乃至更长的时间。当样品被加热时，在陷阱中的电子获得能量，一些电子可从陷阱中逸出，当逸出的电子返回到稳定态时，就伴随有热释光发射。热释光现象比较普遍地存在于辐照和未辐照的固体样品中，因此，要区分辐照和未辐照样品，就需要一个建立在广泛实验基础上的阈值，将未知样的 TL 强度值与阈值比较，若未知样的 TL 强度值大于阈值，则此样品是辐照的；相反则是未辐照的。热释光法是当前检测鉴定产品是否经过辐照的一种方法，其应用最为广泛。欧盟 EN1788—2001 及日本辐照食品检测标准都采用热释光法，在两种标准中，规定热释光分析法可以用来检测草药和香辛料、新鲜水果和蔬菜以及谷物和小鱼、小虾等贝类水产这些可以分离出硅酸盐矿物质的食品。

海德和博格尔研究了多种因素对辐照和未辐照固体香辛料 TL 强度的影响。例如，TL 强度通常随吸收剂量增加而增大，随辐照样品的贮存和热处理时间增长而减弱，紫外光照、相对湿度和空气的氧化作用对热释光强度的影响一般小于对化学发光强度的影响。

此外，他们还研究了不同产地的同种香辛料的 TL 强度以及它们在不同贮存期间 TL 强度的变化。根据研究结果，提出将一种类型的未辐照香辛料的最高 TL 强度值的 2~4 倍作为鉴别这类香辛料是否已被辐照的阈值。

不过，自从 20 世纪 80 年代末，Sanderson 发现香辛料和草本植物的热释光来源于黏着在其表面的无机矿物质（如硅酸盐、石英、黏土等）以后，人们对热释光方法的研究就从测量整个样品（样品和黏着的矿物质）的热释光转向测量矿物质的热释光。目前，测定矿物质的热释光方法已成功用于香辛料、草本植物。

### 3. 利用化学发光法分析检测辐照食品

化学发光（chemiluminescence，CL）法是分子发光光谱分析法中的一类，它主要是依据化学检测体系中待测物浓度与体系的化学发光强度在一定条件下呈线性定量关系的原理，利用仪器对体系化学发光强度的检测而确定待测物含量的一种痕量分析方法。用电离辐射照射的固体物质（如香辛料）时，辐射诱导的一些产物（如自由基）与水接触发生反应，同时伴有短脉冲的光发射，脉冲宽度主要依赖于样品溶于水溶液所需的时间。光产额与吸收剂量有关，在许多情况下，随吸收剂量而增加，最后达到一饱和值，一些光敏剂可以增加光产额。最常用的光敏剂是鲁米诺，在碱性溶液中可以释放出两个质子，在氧化作用下，该分子发生分解，同时引起化学发光。化学发光在 pH>10 时最明显，在水溶液中，发射光的发射光谱在 424nm 处达到最大。

与热释光一样，化学发光强度也与吸收剂量、样品贮存时间、热处理、相对湿度、空气及紫外光照等有关。水蒸气可以使化学发光信号淬灭，这多半是水蒸气致使表面的自由基衰变的缘故。一些含不饱和脂肪酸的香辛料，如芝麻籽，由于脂的氧化作用导致化学发光强度增强，乳粉也有这种效应。香辛料受紫外线照射也产生化学发光，但因它们的穿透能力较弱，影响主要在表面。鉴于上述影响因素，应从包装食品的内部取样分析。

化学发光的测定很方便，大多数情况，每次测量所需的样品量为 3~30mg。将称重后的样品放入聚苯乙烯的小容器中，加入 0.2mL 新制备的鲁米诺溶液，立即用发光光度计（或灵敏的光检测器）测量化学发光响应，记录最初 5s 的积分化学发光强度（mV/5s）和最大的化学发光强度（mV）。

由于化学发光响应与样品的辐照条件和贮存条件密切有关，而且化学发光现象也普遍存在于未辐照样品中，这样给区分辐照和未辐照样品带来了困难。为了检验食品是否已被辐照，可采用一种与 TL 相同的方法，即对每种食品建立一个阈值。与 TL 方法一样，取同一种类未辐照样品的最大化学发光强度，乘以 2~4 倍的安全系数作为阈值。

### 4. 利用光释光法分析法检测辐照食品

光释光法的基本原理是：用电离辐射食品中的硅酸盐类等矿物质残留物时，

接收到辐照的矿物质残留物会与电荷载体结合，从而将能量储存下来；当用红外光照射被辐照后的矿物质残留物时，被储存下来的能量就会以光子形式释放出来并形成激发光谱。在对样品进行辐照定性检测中，比较检测到的发光量（PLS）与低阈值（T1）和高阈值（T2），当 PLS 强度低于 T1 时表示未经过辐照，而 PLS 强度高于 T1 时，表示经过了辐照处理，而 PLS 介于 T1 和 T2 之间则表示无法判定是否经过辐照，该方法不适用于这个样品的辐照检测，应采用其他方法进一步确认。

与热释光法相比，PSL 法不需要复杂的样品前处理过程，可以直接检测样品，操作简单，是成熟的一种无损检测方法。PSL 法可以对同一样品重复检查，适用于香辛料、果蔬、中草药等含有矿物质残渣的样品，是所有辐照食品检测方法中适用性最广的一种。但 PSL 法也有一定的局限性，它只适用于含有矿物质残渣的样品，检测的信号强度与样品中残留的矿物质种类有关。此外，当被检测样品中混有未辐照样品时，检测信号被稀释，检出率随混入的未辐照样品比例的增加而降低，如未辐照样品比例超过 90%，则 PSL 法无法得到准确的辐照检测结果。样品是否避光储存，储存时间长短等也会影响 PLS 的信号强度，进而影响 PSL 法的检测准确性。

除了上述方法已成功用于某些辐照食品检测，利用食品辐照后物理性质（如电性质、黏度等）以及生物学特性的变化，如组织和形态特征的变化来检测辐照食品也进行了大量研究，并且一些方法已得到了应用。例如，黏度法可以清楚地区分辐照和未辐照的白胡椒。

此外，为了确保分析检测结果的可靠性，可采用两种或两种以上的方法进行分析检测。用邻酪氨酸法检测辐照食品时，如果用碳氢化合物法或 ESR 作进一步检测，则可弥补单一方法的不足，使分析检测结果更可靠。

## 第三节 脉冲电场技术在食品保藏中的应用

### 一、概述

随着物质和文化生活水平的不断提高，绿色健康的消费理念越来越受到人们的关注。消费者对食品的营养、健康、绿色以及不过度加工的需求，向食品加工行业提出了新的要求。食品加工通常采用热处理来杀死食品中的微生物和钝化食品中的酶，以保证食品安全，延长食品贮藏期。然而，热处理会引起的食品色香味和营养的较大损失，因此，非热力加工技术已成为目前食品加工技术的热点之一。

脉冲电场（pulsed electric field，PEF）是一种食品的非热加工和保藏技术，指对两个电极间的流态物料反复施加高电压的短脉冲进行处理的过程。它能杀死食品中的致病菌和致腐微生物，还能钝化酶，非常有利于食品的保藏。通常脉冲电场采用高电压（10~50kV）、短脉冲及温和的温度条件处理食品，被处理食品处于液态或半固态。与传统的热杀菌相比，脉冲电场一般在常温或较低温度下处理食品，处理时间短，几乎不产生热量（加工后物料升温少），热能消耗少，能最大限度地保留食品原有的感官品质和营养价值，延长食品保质期。脉冲电场技术特别适合于热敏性很高或有特殊要求的食品杀菌，目前在果蔬汁、牛乳等液态食品的杀菌中应用较多。脉冲电场在果蔬汁的加工中已显示出特有的优越性，有望取代或补充热杀菌技术。目前美国已经有商业化产品上市。

## 二、脉冲电场技术在食品工业中的应用

国内外研究人员使用脉冲电场对培养液中的酵母菌、革兰阴性菌、革兰阳性菌、细菌芽孢以及对苹果汁、香蕉汁、菠萝汁、橙汁、橘汁、桃汁、牛乳、蛋清液等液态食品进行了研究。研究结果显示脉冲电场的抑菌效果可达4~6个数量级，其处理时间极短，最长不超过1s，该处理对食品的感官质量不造成影响，其保质期一般都可延长4~6周。陈键指出，在经过45kV/cm的电场脉冲40次后，脱脂乳中的大肠杆菌存活率仅为原来的1%。为了提高脉冲的杀菌效果，Lu等指出，高压脉冲与中等程度的热处理相结合，或与溶菌酶、乳酸链球菌素等天然抗微生物抑制剂相结合处理苹果汁，能有效地减少大肠杆菌。脉冲电场对未过滤的苹果汁、果浆含量高的菠萝汁、橘汁、阿斯巴甜溶液的感官特性没有影响，处理过的苹果汁甚至比新鲜的苹果汁味道更好，且橘汁中的维生素C含量也没有改变。此外，脉冲杀菌与低浓度的杀菌剂如臭氧和$H_2O_2$结合，杀菌效果将更显著，这种高效的联合杀菌技术有望在食品工业中得到应用。

## （一）脉冲电场在乳制品中的应用

### 1. 脉冲电场处理对乳制品的杀菌作用

脉冲电场能有效地杀灭乳制品中的细菌，且杀菌效果与脉冲电场强度、处理温度、脉冲数量、介质以及乳品中脂肪含量等密切相关。丁宏伟等在研究脉冲电场对牛乳的杀菌实验时发现，影响脉冲电场处理对牛乳杀菌效果的因素按相关性从大到小排列依次为电场强度、温度和脉冲数，且杀菌效果与这 3 个因素均呈正相关。

有研究表明，电场强度为 36.7kV/cm、40 个脉冲处理能完全杀灭均质乳中的沙门菌，并将大肠杆菌总数降低 3 个数量级；电场强度为 40kV/cm、30 个脉冲处理 2μs，原脱脂乳在 4℃下能存放两周；80℃、6s 的热处理结合电场强度为 30kV/cm 的 30 个脉冲处理 2μs，原脱脂乳保质期能提高到 22d。Rema 等将单增李斯特菌接种在全脂乳（牛乳脂肪为 3.5%）、半脱脂乳（牛乳脂肪为 2%）和脱脂牛乳（牛乳脂肪为 0.5%）中：研究了在不同处理时间（100μs、300μs 和 600μs）和不同样品组成下菌的失活，发现随着处理时间的增加，致死效果也随之增加，都达到 3 个数量级的减少，且这 3 种样品之间的失活没有显著差异；研究了不同电场强度（25kV/cm 和 35kV/cm）和处理时间对全乳中菌的失活的影响，发现在较短的处理时间（100μs）内，两种不同的电场强度在致死效果上没有差别，但处理时间越长时，场强度越大，致死效果越好。

### 2. 脉冲电场处理对乳制品品质的影响

对比鲜牛乳、UHT 灭菌乳和脉冲电场处理乳（35kV/cm、400μs、200Hz），发现脉冲电场处理较 UHT 处理对牛乳中风味物质影响较小，同时产生更少的与蒸煮味相关的含硫化合物。张鹰等研究发现 25kV/cm 的脉冲电场处理脱脂牛乳后，其中乳糖含量并未发生显著变化。

通过脉冲电场对牛乳杀菌实验可知：一组处理条件为在 70℃下处理 70s、电场强度 70kV/cm、脉冲数为 10；另一组为 70℃下处理 70s，不经脉冲电场处理；两组处理过的牛乳蛋白质变性程度分别为 4.9%和 4.6%，即经脉冲电场处理组比未经脉冲处理组牛乳蛋白质变性程度增加了 0.3%。同样，用脉冲电场处理牛乳，在使微生物总数减少 5.3 个数量级的电场强度作用下，脉冲电场对牛乳免疫球蛋白的活性和结构不会产生显著影响。探究脉冲电场对乳铁蛋白结合铁能力的影响实验结果表明：乳铁蛋白对铁的结合能力大体会随着电场强度、处理时间和脉冲宽度的增加而降低。但在适当的处理条件下，乳铁蛋白与铁的结合能力可高达对照样的 3.8 倍。

### （二）脉冲电场在果蔬中的应用

#### 1. 脉冲电场处理对果蔬汁的杀菌作用

处理草莓汁中的亚损伤细胞时，草莓汁中大肠杆菌受处理条件的影响较大，在 25kV/cm、200μs、10℃ 的处理条件下，大肠杆菌亚致死数量级最高达到 1.339，但酿酒酵母亚致死数量级均低于 0.4，亚致死细胞产生数目较大肠杆菌少。脉冲电场用于石榴汁杀菌时，在相同的工艺条件下，不同微生物对脉冲电场处理的敏感程度从大到小依次为大肠杆菌、酵母菌、霉菌，当工艺条件为 35kV/cm、100Hz、200μs，温度≤18℃ 时，大肠杆菌、酵母菌与霉菌总数分别下降3.62、2.34 和 0.74 个数量级，而将频率提高至 333Hz 时，霉菌总数下降 1.82 个数量级。方波脉冲处理能使橙汁中细菌总数和酵母菌等微生物数量减少 4 个数量级以上。

脉冲电场处理时，食品物料成分的浓度会影响灭菌效果。Ferrer 等在对脉冲电场杀菌的柑橘和胡萝卜汁混合饮料的研究中发现：在低的脉冲电场强度和胡萝卜汁含量为零时，原料中最初的污染物水平是影响处理后的残菌量最重要的参数；当胡萝卜汁的含量增加时，浓度的影响作用就相应增大；而较低的脉冲电场强度（20kV/cm）处理时，胡萝卜汁的含量对脉冲电场处理后的残菌量有重大影响。

研究脉冲电场对梨汁的杀菌效果发现，在一定条件下（200Hz、30kV/cm、10℃）处理时，梨汁中大肠杆菌和酿酒酵母总数分别下降了 4.6、2.7 个数量级，而在其他工艺条件相同时，提高温度协同处理（由 10℃ 上升到 40℃）能使微生物的致死率提高 1 ~ 2 个数量级。用脉冲电场处理蓝莓汁，当工艺参数为 30kV/cm、60μs 时，对蓝莓汁中微生物的灭菌率可达 99%以上。

### 2. 脉冲电场处理对果蔬制品品质的影响

脉冲电场预处理对果蔬动态黏弹性的影响，应用DMA-Q800热动态力学性能分析仪对几种大众果蔬苹果、梨、萝卜、马铃薯等进行了动态压缩实验研究，获得了不同脉冲电场参数、不同振荡频率下果蔬的储能模量、损耗模量及损耗正切等黏弹性参数，并结合果蔬细观组织结构扫描电镜分析了脉冲电场预处理对果蔬动态黏弹性的影响机理。结果表明：果蔬的储能模量、损耗模量及损耗正切随频率的增加而增大，随着电场强度、脉冲宽度、脉冲时间的增大，苹果和马铃薯组织模量下降，白萝卜组织模量增加，梨试样组织模量先增大后减小。果蔬细观组织扫描电镜分析表明，脉冲电场预处理引起的果蔬细胞结构、膨压及细胞间隙变化是造成果蔬动态黏弹性变化的主要原因，在25~90℃温度范围内，随温度的升高，4种果蔬组织的储能模量、损耗模量呈下降趋势，梨和白萝卜的对照组试样先上升后下降。研究结果可为高压脉冲电场预处理果蔬，实现低能耗冻干加工工艺参数优化等应用提供理性分析基础。

脉冲电场处理各种果汁，不仅能杀灭果汁中的微生物，不影响其原有的风味和品质，还能维持保质期内各品质的稳定性，延长果汁保质期。经36.7kV/cm脉冲电场处理过的浓缩苹果汁和鲜榨苹果汁，与未经处理的果汁在感官上没有明显的区别。对比脉冲电场和热处理前后苹果汁的理化指标，发现脉冲电场处理后苹果汁的风味和色泽都比热处理更接近未处理的苹果汁。与热杀菌处理相比，脉冲电场处理得到的橙汁和胡萝卜汁的混合果汁的风味、浊度和总酸都更接近鲜榨果汁，且能有效地减少维生素C在加工和储藏期间的损失。

脉冲电场处理过的苹果中碳水化合物含量较未处理的高，可能是因为脉冲电场处理抑制了与细胞呼吸氧化作用相关的酶以及葡萄糖氧化酶活力。使用一定强度的脉冲电场处理添加75mg/kg葡萄糖酸锌的新鲜菠菜汁，可使菠菜汁较长时间保持绿色。在电场强度35kV/cm，750μs的条件下处理橙汁，橙汁中类胡萝卜素和黄酮类物质有所提高，总酸含量变化不大。

维生素C是一种热敏性营养成分，热处理会引起或加速食品中的氧化反应，因而在果蔬的热加工过程中维生素C的损失比较严重。研究表明，脉冲电场处理的果汁中维生素C的含量较热处理的高，可能是因为脉冲电场处理过程升温较小的原因。但由于食品包装顶部残留有氧气，或者包装材料选择不当，随着储存时间的延长，热处理与脉冲电场处理的果汁中维生素 C 含量差异会逐渐减小。此外，脉冲电场处理果汁不会像热处理一样引起果汁中胶状物质加热沉淀及发生凝结，可能是脉冲电场处理使附着在果肉上的凝结物质被分离开了。

脉冲电场处理会引起食品中脂肪酸、油脂等发生变化。Garde-Cerdan 等研究发现脉冲电场处理会引起葡萄汁中脂肪酸总量的减少，其中月桂酸的变化最为明显。脉冲电场处理后苹果中脂肪含量降低可能是由于细胞破裂导致的膜渗透引起膜脂质氧化降解。脂肪氧化酶催化不饱和脂肪酸氧化对食品的风味形成具有重要作用。与热处理相比，脉冲电场处理果汁中脂肪氧化酶只是部分失活，因而最终果汁因保持一定的脂肪氧化酶活力而比热处理果汁具有更好的风味。

浆果类水果对热处理的敏感是由于香味颗粒的降解所致，热处理后，原始香味物质的氧化和降解会导致果汁整体风味改变明显，而脉冲电场处理的则不会改变这类果汁原有的风味。经脉冲电场处理过的果汁风味在可接受性方面远高于热处理果汁，可能是因为其对果汁的新鲜度保护较高有关。对梨汁杀菌时发现与传统热处理相比，脉冲电场处理对梨汁中风味物质影响较小。

### （三）脉冲电场在酒中的应用

用脉冲电场处理葡萄酒时发现，葡萄酒中的杂醇含量下降，总酸、总酯和苯乙醇的含量上升，原花色素的变化趋势基本符合自然陈酿的效果，整体来说葡萄酒的陈香明显增加。白酒经脉冲电场处理后，总醇、总酸含量都有所增加，白酒的陈香更加明显，辛辣味减少，口感绵软，贮存一年的白酒经脉冲电场处理后可达到与陈酿 6 年白酒风味及口感相近的效果。

### （四）脉冲电场在茶中的应用

采用脉冲电场对普洱茶进行杀菌时发现脉冲电场具有良好的灭活选择性，对霉菌的杀灭效果最差。Zhao 等证明脉冲电场处理绿茶后脉冲电场损伤亚致死微生物的存在，并提出脉冲电场处理后经一定时间冷激（cold shock）处理，可以使脉冲电场损伤亚致死细胞进一步失活，从而大大延长脉冲电场处理食品在常温下的保质期。

脉冲电场处理集成冷冻浓缩比真空蒸发浓缩更能保留茶汤的香气成分。经脉冲电场处理后的普洱熟茶香气成分含量发生了显著变化，醇类、有机硫化物和短链烷烃类三类香气成分含量显著增加，脉冲电场参数中电场电压是影响各类香气成分含量变化最主要的因素。

### （五）脉冲电场在油脂中的应用

利用脉冲电场辅助提取油菜籽中的油脂，能提高出油率，但油菜籽油的酸值显著高于未用脉冲电场处理的。曾新安等指出脉冲电场处理会导致油酸和花生油发生一定程度的脂质氧化，过氧化值升高以及不饱和脂肪酸含量下降，但脉冲电场处理过的花生油与未处理过的相比在贮藏期间酸败产物累积少，脂肪酸组成变化下，且不高于 50kV/cm 的脉冲处理不会引起油脂品质明显改变；梁琦等的研究结果表明脉冲处理对油酸的氧化进程会产生影响，油酸的过氧化值会随着脉冲电场处理强度和贮藏时间的增加显著增大，羰基值在脉冲电场处理后的一周后迅速升高，而脉冲电场处理过的油酸碘价在贮藏 2d 后有下降趋势。

### （六）脉冲电场的其他应用

#### 1. 脉冲电场辅助提取

动植物及微生物细胞膜的电极化可能被用来强化果汁或者某些特定细胞代谢产物（如巨大分子、蔗糖、色素、风味物质及生物活性物质等），或者反过来促进某些溶质（氯化钠、蔗糖等）渗透到组织中。当细胞半径增加时，电脉冲导致的电极化或膜通透性的改变所需的电场强度降低，因此杀灭动植物细胞比微生物所需场强更低。在采用电脉冲强化提取时，采用某种中间电阻率的提取介质更为可取。电阻率太低将会迅速削弱电场，电阻率太高会明显增加欧姆热升温。精密控制膜的穿孔极化可能能够选择性提取几种胞内代谢产物中的某一种。

适度的脉冲电场能实现果蔬等的质壁分离，通过一定场强水平诱使临界的膜变化就能实现果蔬细胞质壁分离，也能通过这一处理加强细胞内物质的扩散，提高胞内物质的提取率。脉冲电场处理能加强细胞膜渗透的全过程，提高样品中可溶物质的扩散系数，加强可溶物质的扩散，但并不会使处理样品的组织结构整体退化。脉冲处理能有效地将大部分的果胶质和非糖物质保留在细胞结构中，对快速提取原料中的糖具有显著意义。由于天然产物不稳定，许多具有生理活性的化合物一旦离开机体，很容易发生氧化变性及功能活性的破坏，在生产过程中要小心地保护这些化合物的生理活性。因此，生产这类具有生理活性的物质常常需选择温和的处理条件，并尽可能在低温和洁净程度较高的环境中进行。脉冲电场可在瞬间使被处理细胞的细胞壁和细胞膜发生电位混乱，改变细胞膜的通透性，甚至可以击穿细胞壁和细胞膜，使其发生不可逆破坏，造成细胞新陈代谢紊乱、细胞中生长的必需组分的流出，因而成为一种新兴的提取技术。

对苹果糊进行电质壁分离后能增加后续的压榨提取量，且得到的最终果汁颜色较通过酶法和热法预处理产品浅且清澈（可能由于多酚氧化酶的氧化较少）。针对不同的苹果汁在压榨之前进行电脉冲预处理，发现苹果汁的压榨产量从（67±1.2)%上升到（73±1.9)%，同时减少了纤维素酶的需要量，提高了果汁质量。对胡萝卜碎块采用50kV/cm的电脉冲处理增加了后续的压榨产量，产量从51%提升到76%（初试碎粒尺寸为1.5mm)，或从30%提高到70%（初试碎粒尺寸为3mm)。通过电镜可以看到电脉冲清晰地改变了细胞和细胞壁，作为对照，通过商业果胶酶预处理的压榨胡萝卜汁产量为69%（初试碎粒尺寸为1.5mm）和62%（碎粒尺寸为3mm)，电处理后得到的果汁比添加果胶酶的氧化较少，β-胡萝卜素较多且干固物含量较低。脉冲电场处理的好处在于迅速，需要的酶或预热较少，后者对提取某些热敏代谢产物有特别的意义。

红叶藜在20℃下1.6kV/cm场强的10个脉冲处理后，其细胞苋菜红提取率为85%，而在0.75kV/cm场强下处理20个脉冲的提取率为55%。在两种情况下，一旦色素被提取，细胞的存活率明显降低。因而电极化增强了色素提取，但是杀灭了细胞。经过0.5kV/cm的场强3个脉冲，就能杀死巴戟天细胞，却没有明显的蒽醌被提取出来，在0.75kV/cm或1.6kV/cm的场强下处理10个脉冲后提取物产量在3%以下，这种提取量的巨大差别产生原因可能是在细胞质和液泡中的色素分布不同。液泡破裂和随后导致的细胞质pH值的改变可能会使细胞死亡。

对马铃薯小块在0.35~3kV/cm的场强下处理了70个脉冲后，通过测量离心后释放出来的液体量来测定其植物组织通透性的改变。0.9~2kV/cm场强下15~30个脉冲处理可用作流化床干燥马铃薯小块的进一步干燥处理，干燥得到了加速，而最后复水和烹饪质量并没有改变。其他类似研究与肉类提取和从甜菜中提取蔗糖等有关。

2. 脉冲电场辅助干燥

果蔬的传统干燥方法会导致其物理和化学状态受到影响，引起果蔬缩水、颜色改变，还会影响最终果蔬产品的质地和口感。王维琴等研究经脉冲电场技术对甘薯样品进行预处理后发现，与未处理的甘薯相比，脉冲电场处理后的甘薯在渗透脱水后的质量都有一定增加，且渗透脱水后的样品固形物增加率与脉冲电场处理参数中的场强和脉冲数目不成正比关系。

3. 脉冲电场辅助冷冻浓缩

冷冻食品在使用之前大都需要经过解冻过程，而在食品的冻结解冻过程中必然会发生各种物理、化学变化，影响食品的品质。利用脉冲电场技术解冻食品，不仅解冻速度快，解冻后食品温度分布均匀，汁液流失少，还能有效地防止食品的油脂酸化，而且一定强度的脉冲电场对微生物具有显著的抑制或灭杀的作用，有利于对食品品质的保护。方胜等的研究发现电场强度对冰解冻时间的缩短百分率影响显著。以脉宽为 2.5μs、电场强度 35kV/cm、脉冲个数为 8、脉冲频率 2700Hz 的脉冲电场技术生产绿茶汤，辅以冷冻浓缩技术，以 4℃ 的溶液初温、150r/min 的刮刀转速、冷媒温度为-18～-15℃条件下绿茶汤的浓缩效果最佳，其香气成分分析表明脉冲电场集成冷冻浓缩比真空蒸发浓缩更能保留茶汤的香气成分。研究结果可为脉冲电场及冷冻浓缩的应用提供技术依据。

4. 脉冲电场辅助蛋白（多肽）改性

在脉冲电场作用下 QW-FM 和 KWFM 的荧光强度发生了不同程度的改变，由于两条结构相似的抗氧化四肽中色氨酸前端所连接的氨基酸不同，在相同的脉冲电场处理条件下，QWFM 的荧光强度变化更为显著，在电场频率为 1800Hz 和电场强度为 15kV/cm 时，其荧光强度变化最显著。通过监测经 PEF 处理后 2h 抗氧化四肽荧光强度的变化，发现抗氧化四肽荧光强度的变化随着时间的延长而逐渐减弱。通过圆二色谱分析和核磁共振波谱技术分析发现，维持 QWFM 中 β-折叠的氢键含量有所改变，从而导致了 β-折叠结构的含量有所减少。这些变化表明脉冲电场技术可能通过改变抗氧化肽的化学结构而改变其荧光特性，为脉冲电场技术应用于抗氧化肽的研究提供了理论基础。

鲜肉在经过脉冲电场处理后，其鲜嫩度会有所增加。研究表明，新鲜猪肉经脉冲电场处理后，其浸出汁中总氨基酸含量会明显增加。这一研究结果可应用到其他食品加工产业中，如解决酱油等高蛋白含量液态食品久存后会发生沉淀的问题，而这些沉淀主要是蛋白质。如果将这些蛋白质沉淀前体物质在沉淀前经过适合的脉冲电场处理，可以使其沉淀物的前体物质发生降解，从而避免沉淀产生，提高产品品质。

5. 脉冲电场辅助降解农药残留

由于农作物病害和虫害抗药性增强超过了新型农药的研发速度，农药的过量使用已然无法避免，而当前食品中的农药残留已经成为世界范围内危及食品安全的重要难题之一。使用脉冲电场处理苹果汁，结果发现脉冲电场处理能显著降解苹果汁中残留的甲胺磷和毒死蜱，且降解作用与电场强度和脉冲数呈正相关。应用脉冲电场对红葡萄酒中有机磷农药残留进行降解处理，结果发现脉冲电场处理对敌敌畏有一定降解作用。经脉冲电场处理后，豆浆中残留的甲胺磷、甲拌磷、二嗪磷、马拉硫磷和乐果等农药均有不同程度的降解。虽然目前的研究结果已经证实了脉冲电场处理对农药残留有一定降解作用，但对于其具体的降解作用机制以及最佳降解条件和降解动态等相关内容仍需进一步的研究。

# 参考文献


[1] 宋喜云，袁彬，任大文. 食品加工技术 [M]. 北京：中国农业大学出版社，2023.

[2] 王明成. 食品加工与检验实践教程 [M]. 郑州：郑州大学出版社，2023.

[3] 赵月，孙洋. 食品加工技术创新与应用 [M]. 延吉：延边大学出版社，2023.

[4] 段翔，徐怀德，赵国忠. 食品营养与加工技术 [M]. 北京：中国轻工业出版社，2023.

[5] 张孔海，李建芳，吴斌. 食品加工技术 [M]. 北京：中国轻工业出版社，2022.

[6] 梁进. 农产品与食品加工技术 [M]. 合肥：安徽科学技术出版社，2022.

[7] 励建荣. 生鲜食品保鲜与加工 [M]. 北京：科学出版社，2022.

[8] 李彦坡，贾洪信，郭元晟. 食品标准与法规 [M]. 北京：中国纺织出版社，2022.

[9] 吴朝霞，张建友. 食品营养学 [M]. 北京：中国轻工业出版社，2022.

[10] 李红，张华. 食品化学 [M]. 2 版. 北京：中国纺织出版社，2022.

[11] 史淑菊. 发酵食品加工 [M]. 北京：中国农业大学出版社，2021.

[12] 任广跃，李琳琳，程伟伟. 早餐食品加工生产工艺与配方 [M]. 北京：中国纺织出版社，2021.

[13] 张海涛，郝生宏. 酱卤腌腊烧烤食品加工 [M]. 北京：化学工业出版社，2021.

[14] 戴良俊. 粮油食品加工 [M]. 北京：中国农业大学出版社，2021.

[15] 周萍萍，张磊，梁江. 食品加工过程化学污染物危害评估 [M]. 中国质量标准出版传媒有限公司，2021.

[16] 马华威，陈秀荔. 水产食品加工与保鲜 [M]. 南宁：广西科学技术出版社，2020.
[17] 张海臣，陈亮. 食品加工机械与设备 [M]. 北京：中国轻工业出版社，2020.
[18] 胡卓炎，梁建芬. 食品加工与保藏原理 [M]. 北京：中国农业大学出版社，2020.
[19] 顾金兰. 食品加工技术概论 [M]. 北京：中国轻工业出版社，2020.
[20] 魏强华. 食品加工技术与应用 [M]. 2 版. 重庆：重庆大学出版社，2020.
[21] 张海臣，曲波. 粮油食品加工技术 [M]. 北京：中国轻工业出版社，2020.
[22] 夏延斌，钱和，易有金. 食品加工中的安全控制 [M]. 3 版. 北京：中国轻工业出版社，2020.
[23] 朱珠，梁传伟编. 焙烤食品加工技术 [M]. 3 版. 北京：中国轻工业出版社，2020.
[24] 谢朝晖. 食品加工 [M]. 长春：吉林大学出版社，2020.
[25] 徐凌. 发酵食品加工工艺 [M]. 北京：中国农业大学出版社，2020.
[26] 纪颖. 森林食品加工技术 [M]. 北京：中国林业出版社，2020.
[27] 李晓东，刘璐. 新型干酪食品加工技术 [M]. 北京：科学出版社，2020.
[28] 梁新峰，卢元翠. 食品加工技术 [M]. 北京：中国农业出版社，2020.
[29] 冯砚博. 现代制造技术与食品加工装备 [M]. 哈尔滨：哈尔滨工业大学出版社，2020.
[30] 魏玮，王立晖. 焙烤食品加工技术 [M]. 北京：中国轻工业出版社，2020.
[31] 李逢振. 食品加工新技术与应用研究 [M]. 天津：天津科学技术出版社，2020.
[32] 陶瑞霄. 食品绿色加工技术 [M]. 北京：科学出版社，2020.
[33] 杨昌鹏，韩双. 食品深加工技术 [M]. 北京：中国农业大学出版社，2020.
[34] 钱建亚. 食品工程伦理 [M]. 北京：中国轻工业出版社，2020.
[35] 蒲云峰，张锐利，叶林. 食品加工新技术与应用 [M]. 中国原子能出版社，2019.
[36] 卢智，常乐. 现代食品加工工艺及新技术的应用探究 [M]. 中国原子能出

版社，2019.

[37] 李秀娟. 食品加工技术 [M]. 2 版. 北京：化学工业出版社，2018.

[38] 罗丽萍，江建军. 食品加工技术 [M]. 北京：高等教育出版社，2019.

[39] 范丽霞. 焙烤食品加工技术 [M]. 郑州：河南科学技术出版社，2019.

[40] 孟祥晨，李艾黎，焦月华. 乳酸菌食品加工技术 [M]. 北京：科学出版社，2019.